千寻 与世界相遇

千寻
Neverend

选题策划	千寻 Neverend
项目编辑	云海燕
版权编辑	张烨洲
装帧设计	沈秋阳
内文排版	史明明
责任印制	盛 杰
营销编辑	王雪雪

Mensa®
门萨趣味谜题

百变数独

〔英〕加雷思·穆尔 著
千寻Neverend编辑部 译

MENSA
SUDOKU

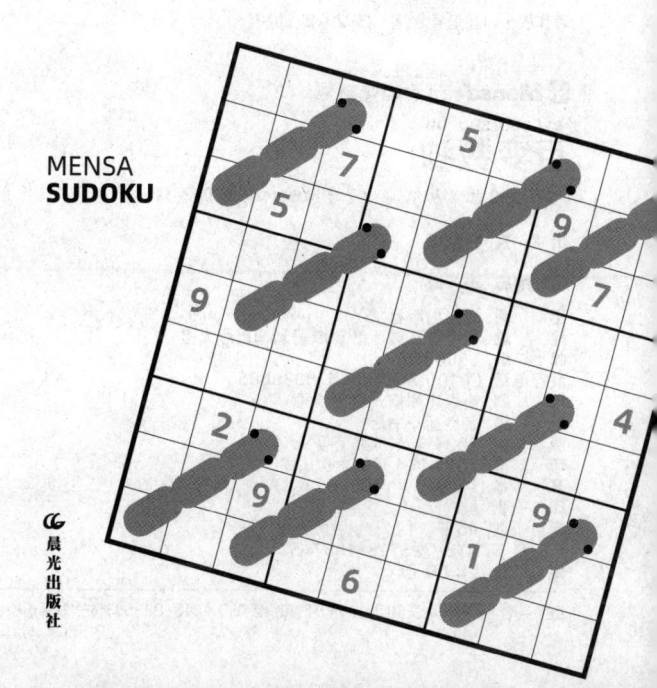

晨光出版社

图书在版编目（CIP）数据

门萨趣味谜题.百变数独／（英）加雷思·穆尔著；千寻 Neverend 编辑部译.—昆明：晨光出版社，2024.4
ISBN 978-7-5715-1887-5

Ⅰ.①门… Ⅱ.①加… ②千… Ⅲ.①智力游戏－青少年读物 Ⅳ.①G898.2

中国国家版本馆 CIP 数据核字（2023）第 055722 号

Text©MENSA 2022
Design©Welbeck Publishing Group 2022

著作权合同登记号 图字：23-2022-110 号

Mensa 门萨趣味谜题

BAI BIAN SHU DU

百变数独

〔英〕加雷思·穆尔 著　千寻 Neverend 编辑部 译

出 版 人	杨旭恒
责任编辑	李 政
出　　版	晨光出版社
地　　址	昆明市环城西路 609 号新闻出版大楼
邮　　编	650034
发行电话	（010）88356856　88356858
印　　刷	小森印刷霸州有限公司
经　　销	各地新华书店
版　　次	2024 年 4 月第 1 版
印　　次	2024 年 4 月第 1 次印刷
开　　本	102mm×145mm　64 开
印　　张	4.5
字　　数	45 千
I S B N	978-7-5715-1887-5
定　　价	28.00 元

退换声明：若有印刷质量问题，请及时和销售部门（010-88356856）联系退换。

认识一下门萨俱乐部

Mensa

门萨是全球高智商人群俱乐部,我们在全球范围内的 45 个国家有超过 10 万名会员。在门萨俱乐部,你可以找到与你一样热爱脑力活动的朋友,一起玩遍各种智力游戏,一起学习新的知识,一起成长并且收获友谊。

门萨的宗旨:

- 发现高智商人才,培养人类智力并造福人类。
- 为门萨会员提供具有启发性的学术环境和社会环境。
- 支持关于智力本质、特点及其运用的研究。

IQ 分数位于前 2% 的人,才有资格成为门萨会员——你是我们在找的那五十分之一吗?

门萨会员能够享受到很多福利：

- 全世界范围内的会员网络与社交活动。
- 特别兴趣小组：让你有更多机会做你喜欢的事情——从艺术到动物学。
- 会员月刊和地区简讯。
- 本地会议：从谜题挑战赛到美食探索。
- 全国性和世界性的周末聚会和活动——找到与你一样聪明的朋友。
- 启发思维的讲座和研讨会——活到老学到老。
- 门萨 SIGHT 网：为有旅行计划的门萨会员提供信息、向导和接待的服务。

更多信息请访问门萨官网：
www.mensa.org

前言
PREFACE

欢迎来到《门萨趣味谜题·百变数独》,书中共有201个数独谜题,其中包括60个变体数独,带你走进乐趣横生的数独世界。

这些数独都遵循标准数独的规则,你需要在每个空方格内填入1到9中的一个数字,同时要保证在每一行、每一列以及每个3×3大小的粗线方框内都没有重复的数字。不过锯齿数独除外,因为这类数独中粗线框围成的是各种各样的不规则区域(尽管每个区域都包含了9个小方格)。在连续数独、四分铅笔数独、四角最大数独、XV数独和蠕虫数独中都增添了额外的元素,这些元素巧妙地限制了数字的放置。

每次出现一种新的数独类型时,我都会进行相应的规则说明,并提供一个已经解出答案的例题，以便大家可以直观地看到该类型的数独该如何解答。

前面的141个常规数独，按照由易到难的顺序依次排列，因此开头的数独是最简单的，后面的是最有挑战性的。在解答过程中，大家会发现某些变体数独比其他数独更简单一些，此时需要提醒大家的是，一定要确认正在解答的数独中是否有"反向"约束，即是否可以通过某些缺少的元素解读出谜题中有关某些方格的重要信息。

祝各位好运，好好享受吧！

加雷思 · 穆尔，伦敦

目录
CONTENTS

数独 **001**

锯齿数独 **145**

连续数独 **159**

四格提示数独 **173**

四格最大数独 **187**

XV 数独 **201**

蠕虫数独 **215**

答案 **228**

📖 Mensa

百变数独

MENSA
SUDOKU

数独
SUDOKU

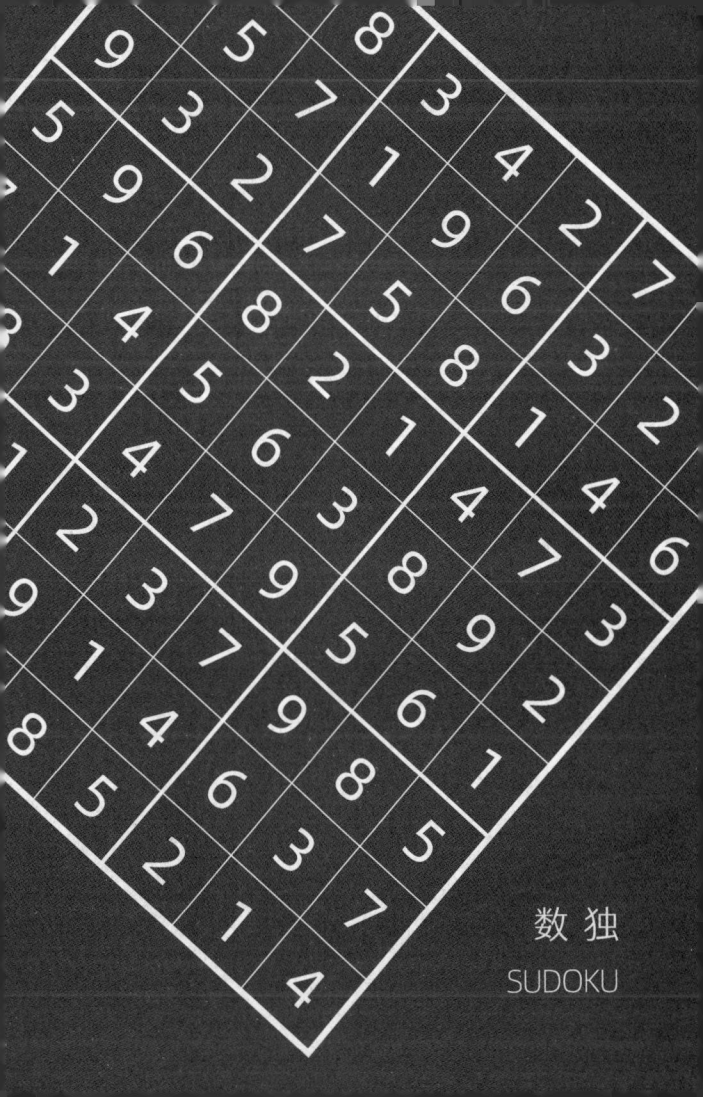

002

规则
INSTRUCTIONS

在每个空方格中填入1到9中任意一个数字，使每一行、每一列以及每个3×3大小的粗线框内没有重复的数字。

MENSA
SUDOKU

示例
EXAMPLE

E

	6	8				7		
			1					
9				5				6
			8		1			3
		4				8		
2			4		9			
6				3				5
					4			
		9				2	1	

S

1	6	8	3	4	2	7	5	9
4	5	7	1	9	6	3	2	8
9	3	2	7	5	8	1	4	6
5	9	6	8	2	1	4	7	3
7	1	4	5	6	3	8	9	2
2	8	3	4	7	9	5	6	1
6	4	1	2	3	7	9	8	5
8	2	5	9	1	4	6	3	7
3	7	9	6	8	5	2	1	4

003

门萨趣味谜题
百变数独

1

	2			8	1	9		
					6	7		3
9	3		4					
5	8		6		9	2		
3								6
		9	8		3		5	7
					2		8	9
6		2	1					
		7	9	4			6	

☆ 答案见 P228

SUDOKU

2

	9						1	
1			9	5	6			3
		2	1		4	9		
	5	7				3	8	
	3			7			2	
	8	6				1	5	
		9	3		5	7		
6			7	8	1			4
	4						3	

☆ 答案见 P228

3

		9				2		
	2		6		5		7	
3			9	2	8			4
	4	6		5		3	2	
		2	3		1	8		
	1	3		7		6	5	
1			5	8	2			6
	9		7		6		3	
		5				4		

答案见 P228

4

			8	4	7			
		8		2		7		
	7		1		5		2	
5		6	4		2	1		9
9	8						6	5
4		7	6		9	8		2
	9		5		1		4	
		5		9		3		
			3	6	8			

☆

答案见 P228

5

5			3	4				2
		6				3		
	3		2		9		7	
		5	4	8	1	2		
2			7	9	3	5		4
		9	6	2	5	7		
	1		9		7		5	
		4				1		
8				6	4			7

答案见 P229

6

	8	1			3			
		9	6	2				8
		5			1	4	2	9
5		4					8	
	1						3	
	2					7		1
8	9	2	5			1		
7				1	2	9		
			4			8	7	

答案见 P229

门萨趣味谜题
百变数独

7

6				7				3
	1		8		4		5	
		3	9		2	1		
	5	2				3	4	
9								1
	8	1				9	6	
		5	2		6	8		
	2		7		1		3	
1				8				9

☆ 答案见 P229

8

5			3				2	1
3		1	8					
				4	5		3	
		9	7		1		6	5
		2				7		
6	7		5		4	9		
	1		4	3				
					8	4		6
7	2				6			3

答案见 P229

9

	9		5		2		8	
5		2				9		6
	4			9			7	
6				5				4
		5	3		1	6		
4				2				1
	6			3			5	
1		4				7		9
	5		6		9		4	

☆ 答案见 P230

10

5	3			1			9	2
4			5		6			7
		9				5		
	2			4			6	
8			6		2			3
	9			7			1	
		7				8		
2			9		1			4
1	4			8			5	9

答案见 P230

11

1			9		6			3
		7				5		
		5	3		2	1		
	8			3			2	
7								8
	9			4			5	
		4	8		9	7		
		2				6		
5			7		3			2

☆ 答案见 P230

SUDOKU

015

12

9		8						4
		3	2	1				
			8				3	9
			7		5	1	2	
	3			9			5	
	1	5	4		6			
5	8				4			
				6	2	8		
4						5		3

☆ 答案见 P230

13

7			3		5			8
			9	4	7			
		5		2		4		
6	1						4	3
	5	2				6	8	
3	7						5	2
		7		1		8		
			5	3	8			
1			4		6			9

答案见 P231

14

		5	7		6	8		
	9			4			6	
8		7				4		9
5				6				8
	3		2		8		9	
7				3				6
6		1				9		4
	5			8			7	
		4	6		7	5		

答案见 P231

018

门萨趣味谜题
百变数独

15

	9	1			3	7		
					8	6		1
2	6			7	1			8
3	2	9						
		5				1		
						9	2	5
5			8	2			1	4
9		4	3					
		2	7			8	6	

☆

答案见 P231

16

		7				3		
		5	6		9	7		
8	9						5	2
	3		4	7	6		1	
			3		1			
	8		9	2	5		7	
1	4						2	7
		8	5		7	1		
		6				8		

☆

答案见 P231

17

		2		7	4			
	1				3		8	
		8				5		9
6	9			3				
2			9		1			3
				5			4	6
1		3				7		
	7		2				6	
			3	8		4		

答案见 P232

18

		7	6		8	4		
		3				6		
4	1			2			8	5
6			1		2			4
		2				8		
7			8		4			3
8	6			7			3	2
		4				5		
		5	2		3	1		

答案见P232

19

8				2				4
		7				2		
	5		7	8	6		3	
		5		9		6		
2		4	5		3	8		7
		3		7		4		
	7		9	6	8		4	
		8				1		
5				4				8

答案见P232

SUDOKU

20

2		6				7		1
8								4
	3	7				5	8	
	5		1		7		6	
		8		2		9		
6	7		4		5		1	2
			3		9			
9				4				7
			5		2			

☆ 答案见 P232

21

		2	1	8	5	9		
			6		2			
4								1
6	1		3		9		4	2
5								6
2	9		7		4		1	5
9								7
			2		7			
		1	4	3	8	6		

答案见 P233

22

	1		4		6		3	
7								4
		3	7		8	2		
9		4	5		1	8		2
2		7	6		3	4		9
		2	8		4	6		
1								3
	4		1		5		2	

答案见P233

23

		9		3		4		
	7		5		6		8	
6				2				3
	3		8		4		9	
7		8				5		1
	9		1		3		7	
8				4				9
	5		3		1		2	
		3		8		1		

答案见P233

24

5								8
		8				2		
	3		8	7	2		9	
		6	7		3	1		
		7		6		4		
		4	5		1	9		
	7		1	5	6		2	
		2				7		
9								6

答案见P233

25

	1		2		6		4	
3			4		5			1
		4		1		5		
8	4						5	2
		2				7		
6	7						1	3
		6		8		1		
5			1		7			4
	9		6		2		3	

答案见 P234

26

		3	7		9	4		
8	2		4		3		5	1
7		5				1		3
	8		9		1		6	
6		4				9		2
9	7		2		4		1	5
		8	5		6	3		

答案见 P234

27

7		3				5		6
			7	9	5			
5								8
	3			7			6	
	9		6		8		2	
	2			1			3	
9								2
			4	8	1			
6		1					4	3

答案见 P234

SUDOKU

031

28

8				7				4
		5	6	9	4	8		
	3						2	
	5						7	
6	4			3			8	9
	9						1	
	1						9	
		3	9	4	2	1		
7				1				5

☆   答案见 P234

29

9				4				8
		8	3		1	4		
	3			6			7	
	9		4		2		8	
7		2				1		4
	4		7		9		6	
	2			3			5	
		3	9		5	8		
4				2				3

答案见 P235

30

	3			1			8	
7			4		5			3
		4	8		9	6		
	1	3				4	5	
2								8
	8	7				1	3	
		2	1		3	5		
9			5		4			1
	5			7			4	

答案见 P235

31

	3		5		6		2	
6				8				7
		4	9		7	6		
2		5				7		3
	7						6	
9		6				5		8
		7	1		4	3		
5				6				4
	1		7		5		9	

答案见 P235

32

4	8			2			5	
		6			4		1	
3					1			2
7		5	9				8	
	1						9	
	6				3	1		7
8			1					9
	9		8			2		
	3			9			4	5

答案见P235

33

4		9				6	7	5
2					8	1		
1	5							9
	6		3		7			
			8		1		2	
9							1	3
		5	9					7
3	1	7				9		2

☆ 答案见 P236

34

		6		9		8		
			3	1	6			
4								6
	4		5	3	8		1	
5	2		9		1		4	8
	8		4	2	7		3	
9								5
			6	8	3			
		7		5		4		

35

	4			1			2	
6			5		2			7
		1	3		9	5		
	6	2				1	8	
5								4
	8	7				6	9	
		6	4		5	8		
2			8		3			1
	9			6			5	

答案见 P236

36

4								8
	9			2			5	
	6		3		9		1	
		9	5		8	6		
6								1
		3	7		6	4		
	7		4		5		8	
	8			7			2	
9								3

☆

答案见 P236

37

	8		3		9		2	
7								9
			7	4	2			
1		8				7		5
		2		3		8		
3		5				2		6
			6	2	8			
8								2
	3		5		4		1	

答案见 P237

SUDOKU

38

		7			9		3	
8		3		7	1	9		
	1						7	6
7	8			1				
	2		7		6		1	
				3			8	7
6	7						9	
		1	2	9		5		8
	9		4			7		

☆　　　　　　　　　答案见 P237

39

			1				4	
7	8							9
		4	5	8		2		
			6		4	5		2
		3				7		
1		2	3		5			
		1		6	8	3		
	7						2	6
	6				1			

答案见 P237

40

2		7			1		5	9
4				9				
					3			7
7		4		3				
	1		9		5		2	
				1		5		3
8			1					
				4				2
1	7		2			8		4

答案见 P237

41

2					9	4		
3							8	6
		7		4				
	4	2	6	1		8		
		6		3	5	1	4	
				6		5		
6	9							4
		8	4					3

☆

答案见 P238

42

1		3				6		4
				7				
9			5		4			7
		4	9		5	8		
	6						3	
		1	7		3	4		
5			2		6			3
				8				
2		9				1		8

☆

答案见 P238

43

9				4				8
	3			6			2	
			1		8			
		9	7		6	3		
2	7						8	5
		8	3		2	7		
			8		5			
	5			2			7	
7				1				6

答案见 P238

44

	2				5	9	6	
	3		2		8			
4				6	3			
	6	7					2	9
		9				6		
1		2				8	7	
			3	2				6
			8		9		1	
	7	3	6				9	

答案见 P238

45

7				3				9
		2				5		
	3		1		8		7	
		1	7		9	3		
6								4
		3	4		6	8		
	9		5		2		8	
		8				1		
1				4				5

答案见 P239

46

	3		1		6			
			4	6	9			3
8	5							
	6		7					
4	2		1		3		9	8
			5			6		
							5	9
3		1	4	9				
		9		8		3		

答案见 P239

47

				6		8			
	8	2					4	6	
	5			2				9	
6			9		5				8
		9				1			
8			3		1				6
	3			8			7		
	9	8					3	5	
			4		3				

答案见P239

48

4			3	6	5			2
		2				8		
	5			8			1	
7								1
1		3		2		9		7
2								5
	2			3			4	
		6				2		
8			6	4	2			9

答案见 P239

49

8			2		4			1
		2				6		
	6			3			9	
2				7				4
		3	1		9	8		
9				5				7
	7			2			8	
		4				1		
5			9		7			6

☆

答案见 P240

50

8								
	9				6		3	
	4				9	1		
			8		1			6
6		4					5	1
2			5		7			
		5	4				9	
	1		2				7	
								3

答案见 P240

51

		9		2		1		
8								2
1	3						8	9
		8	3		5	6		
9				1				3
		6	9		4	7		
6	5						1	4
2								7
		4		3		5		

答案见 P240

52

		9	6	1				
				8		6		
	7	6			4	1		8
		2						4
6	3						5	2
1						9		
4		8	3			7	6	
		7		4				
				5	8	2		

☆

答案见 P240

53

	2						6	
3				9				4
			3	4	1			
		7		1		8		
	6	1	7		4	3	5	
		9		6		2		
			4	7	2			
9				3				8
	4						3	

☆☆ 答案见 P241

54

	1		6	7	2		5	
7	4						2	1
1			8		9			5
8								9
9			1		7			4
2	8						1	6
	6		5	3	8		7	

☆☆   答案见 P241

55

8		7				6		5
	4				6			1
			5	7				
3	2		9		8			
			7		1		8	2
				1	4			
6			2				3	
4		3				5		8

☆ ☆

答案见 P241

56

9				6				1
		8				3		
	2		1		7		9	
		1	9		6	7		
6								2
		2	8		1	5		
	1		7		2		5	
		3				9		
8				5				6

☆ ☆   答案见 P241

57

	6	2	5					
			3					7
		3		7	6	9		4
		5					6	8
		1				2		
2	8					5		
5		7	1	6		8		
1					9			
					5	1	4	

☆☆   答案见 P242

58

4						1		8
	2	6		3			4	
8			4				7	
				4		7		
	6		7		2		8	
		7		8				
	5				8			6
	4			1		2	3	
3		9						1

☆☆ 答案见 P242

59

		7	9	6	3	2		
	2						3	
6								1
1			7		8			2
3								4
2			6		4			3
8								7
	4						6	
		9	2	4	6	8		

☆☆　　　　　　　　　　　答案见P242

60

1		9					8	3
4			5			9		
	8				2			6
		7		1			5	
			2		8			
	5			6		1		
3			8				9	
		1			5			8
7	9					3		5

☆ ☆

答案见 P242

61

		2		6		3		
		7				5		
6	9						7	2
			4	2	6			
1			8		7			6
			1	9	3			
4	6						3	9
		9				6		
		3		8		7		

☆ ☆

答案见 P243

62

		6	2		4	1		
3			8		6			7
2		9		5		7		4
			6		9			
6	3			1		8		9
1			7		5			8
		2	1		3	9		

☆☆ 答案见 P243

门萨趣味谜题
百变数独

63

		2		1	9			
	4							8
		5			7	3		
	5	7			6			
1	9						4	5
			9			1	8	
		1	7			2		
3							5	
			3	9		7		

☆☆

答案见 P243

64

1								9
	7			5	2	4	6	
	4		9	6				
	5					1		
	8	1				6	3	
		3					2	
				3	1		4	
	1	8	6	2			7	
7								2

☆ ☆   答案见 P243

65

				1				
		7	4		9	3		
	1		2		6		5	
	2	1	6		7	4	9	
7								2
	8	9	3		1	5	7	
	5		7		2		1	
		8	5		4	2		
				6				

☆ ☆

答案见P244

66

			2		3			
	6		1		4		5	
		3		8		4		
7	5						9	3
		9		7		1		
2	1						6	8
		1		2		9		
	4		9		5		8	
			4		8			

☆☆

答案见 P244

67

			9		8			
		4		7		8		
	3	1	5		4	7	6	
1		2				6		5
	7						9	
4		6				3		7
	1	9	6		2	5	7	
		7		8		9		
			7		1			

☆ ☆　　　　　　　　　　　答案见 P244

68

					3			6
		8	9		7			
2		6						1
5				2			8	
	3						2	
	8			5				4
1						4		8
			4		6	3		
7			5					

☆ ☆

69

1					5		6	2
9						3	4	
	7		8					
2	9		1		8	3		
		6	5		2		9	8
					9		4	
		4	7					9
8	6		2					7

☆ ☆   答案见 P245

70

2	8		4					1
	1						3	4
		9	1			7		
			5		1	3		6
4		3	7		2			
		7			4	6		
5	6						8	
8					6		7	2

☆☆ 答案见P245

71

6	7		8		3	2		
	3		7					
	1						6	
7				3				
	5	9				6	7	
				5				3
	2						9	
					8		5	
		8	6		5		3	4

☆☆

答案见 P245

72

					2	7		
3		8					9	
			6	1				
			3	8			4	6
1								2
6	5			9	7			
				7	5			
	9					1		8
		6	1					

☆☆

答案见 P245

73

2							9	6
1		4	7	8				
3							8	
4		5	9					
					5	2		3
	3							5
				1	3	7		8
6	8							9

☆ ☆   答案见 P246

74

1			3		2			8
		7	9		6	1		
	2			1			9	
9	4						6	1
		8				3		
2	1						8	9
	7			2			5	
		2	7		5	9		
5			6		8			4

☆☆ 答案见 P246

75

			6		9			
	1	9		3			8	4
	3			2				9
7				9				3
	6	3	2		5	7	8	
4				7				1
	7			5			3	
	4	8		6		1	5	
			8		3			

☆ ☆

答案见 P246

76

		8	7		1	4		
	9			4			6	
1								2
5			6		4			7
	3						2	
6			1		9			8
9								4
	7			1			5	
		2	9		6	1		

☆☆

答案见 P246

77

			3		6			
	1	4		2		7	9	
2		3		1		6		4
		8				9		
4								6
		1				8		
9		2		5		4		7
	4	6		8		5	1	
			4		7			

☆☆

答案见 P247

78

4				8			6	3
9				2		4		
	2				1			
		9	6		2			
8	7						2	5
			8		4	3		
			5				3	
		5		4				6
2	6			1				7

☆ ☆ 答案见 P247

79

9			7		2			6
8	3			6			1	5
		8	1	9	4	5		
2	4						6	3
		5	6	2	3	8		
5	9			7			2	8
6			2		5			4

☆☆

答案见 P247

SUDOKU

80

			7		9			
		8	3		2	9		
	3	9		5		7	2	
2	7						5	6
		4				1		
9	5						7	8
	9	2		3		6	1	
		5	2		6	3		
			4		1			

☆ ☆

答案见 P247

81

		5				4		
			6		3	1	5	
		1			9		2	
							7	
7			8	5	2			6
	8							
	1		3			8		
	4	6	2		8			
		3				2		

☆ ☆ 答案见 P248

82

	4				7			
			3	2			4	
	6	9				5		2
				3		1		9
2		7		8				
4		1				3	6	
	9			4	8			
			1				8	

☆☆

答案见 P248

83

3	8						2	7
		2	7	9	4	5		
		6	2		5	8		
		7	9		1	3		
		3	8	6	2	7		
9	6						3	1

☆☆ 答案见 P248

84

5			2		4		1	
	1				9			
	3					9		5
			8			3		
8			3		1			7
		1			5			
4		2					3	
			5				2	
	5		6		2			4

☆☆

答案见 P248

85

		5	8	6			4	
6			7					2
			9					
4		6					5	
		7				2		
	3					9		7
				1				
9				7				1
	2			3	6	5		

☆ ☆

答案见 P249

86

1	5			7			8	
								7
			1		6		5	
5	3		4					
		8	2		3	5		
					9		2	8
	9		3		2			
8								
	1			4			7	5

☆ ☆   答案见 P249

87

1				3				9
	3	2				8	6	
	6	9				4	5	
			3	5	9			
9			2		7			4
			4	8	1			
	1	5				2	4	
	7	8				6	9	
2				4				7

☆☆   答案见P249

SUDOKU

88

6			3		9			1
		9				4		
	8		2		7		9	
5		1	7		6	9		3
3		8	1		5	2		6
	3		5		4		6	
		4				5		
8			9		1			4

☆☆ 答案见 P249

89

9			6		3			7
			4		1			
		1		8		5		
1	8						3	9
		3				7		
7	9						2	5
		7		4		3		
			8		6			
4			3		9			2

☆☆

答案见 P250

90

	5			4			2	
			2		3			
		9		8		7		
	4		6		7		8	
	9						7	
		6				5		
8	2						4	9
			4		5			
	7						6	

☆ ☆   答案见 P250

91

2								5
	8	9				7	1	
	6	5				8	3	
6			8		4			9
	1			2			8	
5			6		3			1
	5	7				4	9	
	2	3				1	7	
9								3

☆ ☆

答案见 P250

92

2				7				4
	5		1		9		2	
			5		2			
	1	2				3	6	
5								2
	7	8				9	4	
			7		8			
	6		4		3		9	
3				2				7

☆ ☆   答案见 P250

93

	9			4			3	
		3	6		7	2		
6	5						1	9
			4		6			
7				1				3
			8		9			
3	2						7	6
		8	9		3	5		
	1			2			9	

☆ ☆

答案见 P251

94

					2	7		
		5	3					
4			7	9			5	
2				5		9	7	
		7	9		8	1		
	8	1		2				4
	9			6	1			5
					5	4		
		3	4					

☆ ☆ 答案见 P251

95

			4	3				7
			8				3	6
					9	5	1	
		4				8		1
	1						4	
6		8				2		
	8	3	9					
2		7			8			
4				6	7			

☆☆

答案见 P251

96

		1	3					
					4			3
		2		9			6	
3		5		2				
			8		3			
				6		9		2
	6			1		7		
8			6					
					9	5		

☆ ☆ 答案见 P251

97

	4		3		2		5	
2	1						3	6
		3				2		
3				6				8
			2	1	3			
7				5				4
		6				7		
5	7						8	3
	9		5		7		4	

☆ ☆

答案见 P252

98

	8						4	
7		6				2		9
	2	5		4		7	3	
			7	1	2			
		1	4		5	9		
			3	9	8			
	1	7		2		3	9	
6		9				8		2
	5						7	

☆☆ 答案见 P252

99

门萨趣味谜题
百变数独

1		9	7		6	5		8
	2						4	
		8	9	5	4	3		
	3						7	
			3		1			
3		1		4		9		5
5			6		2			3

☆ ☆

答案见 P252

100

	8						2	
		6		4		9		
		9	3		2	6		
	7	5		9		4	8	
1								2
			2		5			
		8				3		
	3		1		8		6	

☆☆ 答案见 P252

101

5						8	2	
	1			8				
		8			3	4		
		5			2			
8	4						5	9
			1			7		
		7	4			3		
				3			9	
	2	1						7

☆☆

答案见 P253

102

					8			
			5	7				1
9		3						
		4			6	9		
6		9	7		1	8		2
		5	8			7		
						6		3
8				2	4			
			9					

☆ ☆   答案见 P253

103

				8				
4			6		1			7
	3		9		4		5	
		3	8		2	1		
		5				6		
		7	5		3	2		
	2		3		8		9	
5			4		6			8
				5				

☆ ☆ 答案见 P253

104

	8							
		2		4	9	6		1
	3			1	2		4	
	4	7						
	2	3				5	9	
							7	8
	9		5	7			6	
7		6	3	9		4		
							7	

☆ ☆

答案见 P253

105

8								3
		5		4		1		
	2		1	9	3		5	
		1	8		9	3		
	7	8				5	6	
		2	5		6	9		
	6		9	1	4		3	
		3		8		6		
1								7

☆ ☆

答案见 P254

106

				5				
2	6						4	7
	3		9		4		8	
			6		1			
	2			8			7	
3				2				8
	4	1				5	9	
				1				
9								6

☆☆ 答案见 P254

107

	9		4	3				
	5			7			1	4
				5				
		8	2		9			5
9	4						3	1
5			3		8	9		
			7					
7	6			9			4	
				5	3		7	

☆ ☆

答案见 P254

108

4								8
	1	8				7	2	
	2			6			3	
			1		3			
3				8				6
		7	3		6	4		
		2		7		9		
	3		5		8		1	

☆ ☆   答案见 P254

109

		5	1		3	9		
	3		9		8		7	
4				6				2
5	6						1	3
		8				5		
9	4						6	8
1				9				7
	5		7		2		8	
		4	8		6	3		

☆ ☆ 答案见 P255

SUDOKU

110

	5				4		3	
6	1		3				9	7
			9					
4				9		2	5	
			2		5			
	2	6		8				9
					8			
8	9				7		4	2
	3		5				6	

☆ ☆

答案见 P255

111

	7	3						
			1				7	
		5		8		6		
3			9					4
		1	2		6	7		
2					4			5
		2		7		4		
	5				8			
							1	8

☆☆ 答案见 P255

112

	9						2	
2				6				1
			2		9			
5		1	6		8	7		3
		6		4		8		
8		7	1		5	6		2
			4		1			
1				5				6
	8						5	

☆ ☆ 答案见 P255

113

			5	2			7	
2		8				1		
	6		8				9	
						2		5
8				3				1
7		1						
	8				5		4	
		6					9	8
		9		4	8			

☆☆ 答案见 P256

114

4			7			1		
	9			6		2	7	
7		2			1			
				9				
2			3		7			4
				5				
			1			7		5
	1	8		7			6	
		6			8			9

☆☆

答案见 P256

115

		8						
6				4	3		9	
						4	2	5
	5	1		2				
				6				
				1		9	3	
4	8	2						
	1		2	5				7
					6			

☆ ☆

答案见 P256

116

9			3					2
		5	4	9		3		
	1			8			4	
							8	5
	5	8				6	3	
3	9							
	7			3			1	
		9		6	2	4		
2				4				6

☆☆　　　　　　　　　　答案见P256

117

2		4				9		1
	3						7	
6			1		7			4
		8	6	1	2	7		
			5		4			
		2	7	8	3	5		
9			2		1			3
	1						2	
4		6				1		5

☆☆☆

答案见 P257

118

			2		6		8	
		5			7			
3				1		4		
		3			2			6
1				6				8
8			7			9		
		8		5				4
			8			5		
	5		9		1			

☆ ☆ ☆ 答案见 P257

119

		6	2		8	3		
			6		3			
	5			9			2	
3	8						6	5
	2			1			3	
6	1						7	4
	4			6			8	
			5		4			
		2	1		7	9		

☆ ☆ ☆   答案见 P257

120

	1						8	
8			5		3			2
	2			1			9	
		7				1		
		9	3		2	6		
6		1		9		3		5
				4				
			7		1			

☆☆☆

答案见 P257

121

5			2		9			3
7		8				1		4
	8	7	4		3	6	2	
			8		5			
				7				
	4						7	
		1				2		
		2		9		4		

☆☆☆

答案见 P258

122

		7		8		9	1	
8								
2			1	9				8
				1		5		
6		8	7		4	3		1
		4		6				
4				3	8			9
								2
	7	9		5		8		

☆☆☆

答案见 P258

123

				1				
1		4				6		9
		5				2		
	7	2				1	9	
3			2		4			6
6	8						5	1
			9		8			
	3			7			8	

☆☆☆

答案见 P258

124

6		1		4		2		7
9				2				3
	7						9	
1								4
	9			3			5	
				8				
		8	9		4	1		
	1						7	
		6				8		

☆☆☆

答案见 P258

125

				6				
			2	7	9			
7								3
			9		8			
1								4
	2		6		4		8	
		6				8		
		4	3		5	6		
9	8						2	1

☆☆☆ 答案见 P259

126

9								8
	2		7	8	3		4	
				1				
	3			4			6	
	1	2	9		6	8	5	
	8			5			2	
				6				
	4		5	9	2		7	
5								2

☆☆☆   答案见 P259

127

				1				
	2		3		7		1	
		1	5	4	8	3		
	5	3				9	7	
7		2				4		6
	1	6				2	5	
		7	9	6	1	8		
	3		8		4		9	
				5				

☆ ☆ ☆

答案见 P259

128

						7		
			4		8	1		
				7		9	3	5
7					5	2		
	8	2				3	5	
		3	7					1
6	5	7		8				
		1	2		6			
		9						

☆ ☆ ☆ 答案见 P259

129

	5	3				1	9	
2								7
4			9		2			8
		6	5	4	9	8		
			2		8			
		8	6	3	1	7		
9			1		6			5
6								4
	1	5				2	7	

☆☆☆

答案见 P260

130

		1					8	
3		7		8				
			3	5				2
	7							3
		3	8		1	5		
6							9	
9				6	5			
				2		4		6
	4					2		

☆☆☆

答案见 P260

131

							7	8
	2			7				
	5		3		9			
				1		4		
9		8				3		7
		6		9				
			2		4		3	
				8			5	
6	1							

☆☆☆ 答案见 P260

132

2	6			7			3	4
8								5
			9		3			
		8		5		4		
5			4		8			9
		1		6		8		
			2		7			
9								7
1	3			8			2	6

☆ ☆ ☆   答案见 P260

133

		6	4	5	1	8		
5			9		8			2
		4				5		
	8		3	7	4		1	
		2				3		
6			1		2			3
		3	8	9	6	1		

☆☆☆ 答案见 P261

134

	4			6			1	
8								2
		7	1		8	6		
		8	4		5	1		
5				1				9
		6	7		2	5		
		9	2		7	3		
7								1
	8			4			5	

☆☆☆ 答案见 P261

135

		8					9	
				2		6		
	2	5		3	8			
5		6				7		
			2		4			
		9				3		1
			5	6		8	2	
		2		1				
	3					1		

☆☆☆

答案见 P261

136

			1	6				
		5				8		
	9	7				6	3	
			3		6			7
2				4				8
8			9		7			
	3	8				9	4	
		4				7		
				1	4			

答案见 P261

137

		9		6		1		
			2		8			
	4		9		7		3	
	1	6		5		8	2	
4								6
	9	5				3	4	
9		2				4		5
1	6						8	3
		3				2		

☆☆☆ 答案见 P262

138

9			5					1
			2		1			
	7		6			2	3	
8						9		
	9	4				1	2	
		5						6
	1	8			5		9	
			4		7			
5					2			3

☆☆☆

答案见 P262

139

	7						8	
3		1	7		6	2		4
		8	9		3	5		
6			3		2			8
8			5		7			2
		6	2		1	4		
7		2	6		9	8		3
	3						2	

☆☆☆ 答案见 P262

140

			3				8	
	9	1		6		4		
				5				2
8	4	5						
1								8
						6	5	3
6				4				
		8		7		1	9	
	1				2			

☆☆☆☆ 答案见 P262

141

	6	8				7		
			1					
9				5				6
			8		1			3
		4				8		
2			4		9			
6				3				5
					4			
		9				2	1	

☆☆☆☆

答案见 P263

锯齿数独

JIGSAW SUDOKU

规则
INSTRUCTIONS

在每个空方格内填入 1 到 9 中任意一个数字，使每一行、每一列以及每个由粗线构成的不规则图形中没有重复的数字。

MENSA
SUDOKU

147

示例
EXAMPLE

E	1	9							
		5					2		
	6								
						1		6	
		7		8		6		4	
		8		2					
									9
			3					8	
								2	1

S	1	9	4	3	8	2	6	5	7
	3	5	6	7	4	9	2	1	8
	6	1	8	5	2	3	7	9	4
	4	2	7	9	5	1	8	6	3
	9	7	2	8	1	6	3	4	5
	7	8	1	2	9	5	4	3	6
	2	3	5	4	6	8	1	7	9
	5	6	3	1	7	4	9	8	2
	8	4	9	6	3	7	5	2	1

142

		3			4			
		6	2				9	
3	7			8				
9								3
				9			1	2
	6				7	5		
			1			7		

☆☆☆   答案见 P263

143

4			5					
			8		5		3	
		5				2		7
8		1				3		
	4		6		7			
					6			1

☆☆☆

答案见 P263

144

				4				
	6		7					8
	2	3						
	1	8			9			
			1			4	8	
						5	1	
7					8		4	
			6					

☆☆☆ 答案见P263

145

	6							2
5			7					
	2	3						
				9				
			1		9			
				6				
						4	1	
					7			8
4							3	

☆☆☆

答案见 P264

146

		5						
6				7	5			
	4					2		3
8				5				2
7		9					1	
			8	2				9
						8		

☆☆☆

答案见 P264

147

				2				
6			5					
		8					1	3
			8	5	7			
			3	4	6			
2	7					3		
					8			4
				8				

☆☆☆

答案见 P264

148

2					1	3		
	1							
	6					1		
				1				
5	9						4	8
				4				
		2					8	
							3	
		7	9					1

☆☆☆ 答案见 P264

149

	8							
		4	8					
		1	9					2
	6		7					
				2				
					7		3	
9					6	5		
					5	2		
							1	

☆☆☆

答案见 P265

150

					4		2	
				5				
	8							
	3	9						7
		4		8		6		
1						9	4	
							8	
			9					
	6		5					

☆☆☆ 答案见 P265

151

	8							7
7		9					4	
	5		7					
	1		6	3				
				5	4		9	
					7		6	
	2					1		8
6							2	

☆☆☆

答案见 P265

Mensa

百变数独

MENSA
SUDOKU

连续数独

CONSECUTIVE SUDOKU

规则
INSTRUCTIONS

在每个空方格内填入1到9中任意一个数字，使每一行、每一列以及每个3×3大小的粗线框内都没有重复的数字。同时，每个空白长条两边的数字应该为连续的数字，比如2和3，7和8。没有被空白长条分隔开的空方格内不能填写连续的数字。

示例
EXAMPLE

E

S

2	7	1	8	9	3	6	5	4
5	9	4	2	1	6	3	7	8
6	8	3	5	4	7	9	2	1
4	1	2	7	6	8	5	3	9
7	5	9	1	3	2	4	8	6
3	6	8	9	5	4	7	1	2
1	4	7	3	8	9	2	6	5
9	2	5	6	7	1	8	4	3
8	3	6	4	2	5	1	9	7

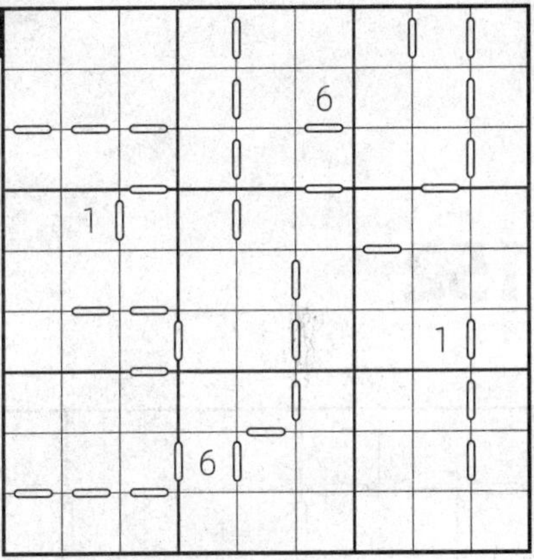

152

☆☆☆

答案见P265

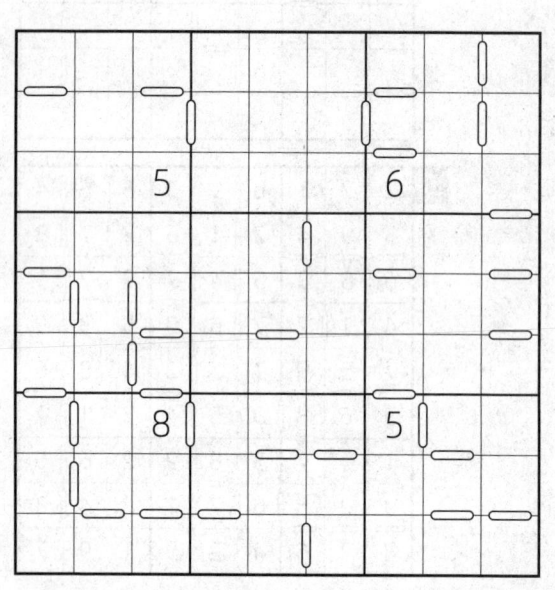

153

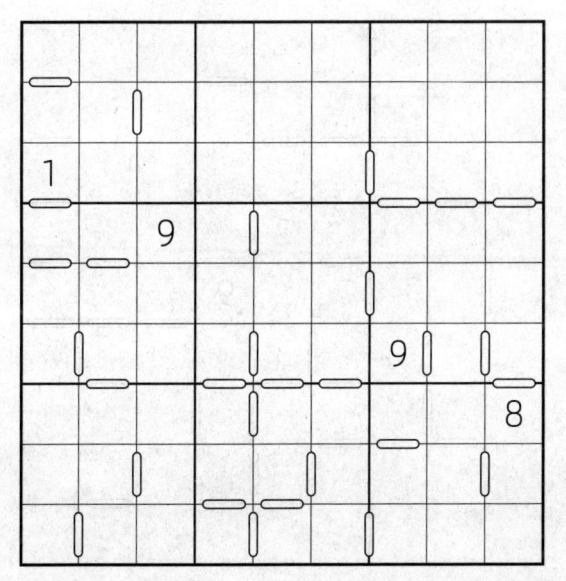

答案见 P266

154

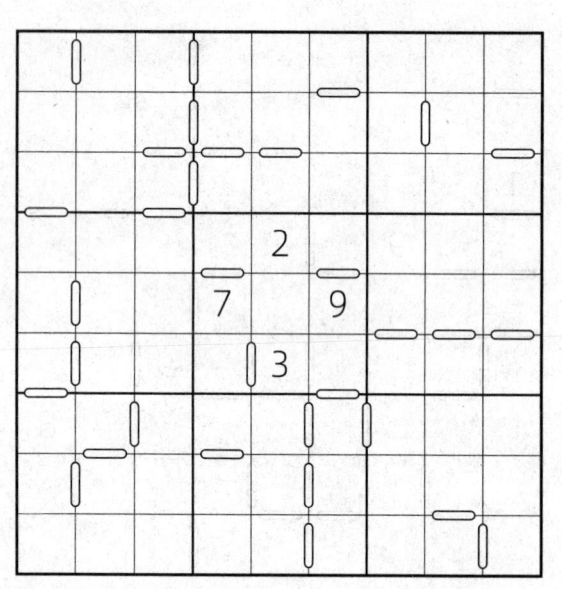

☆ ☆ ☆

答案见 P266

155

☆☆☆ 答案见 P266

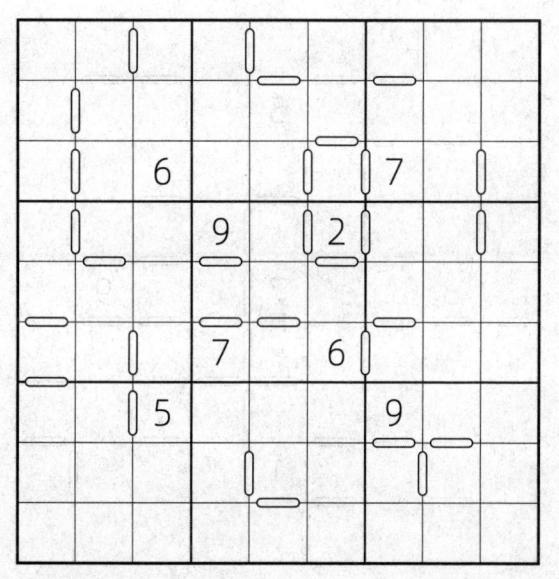

156

☆ ☆ ☆

答案见 P266

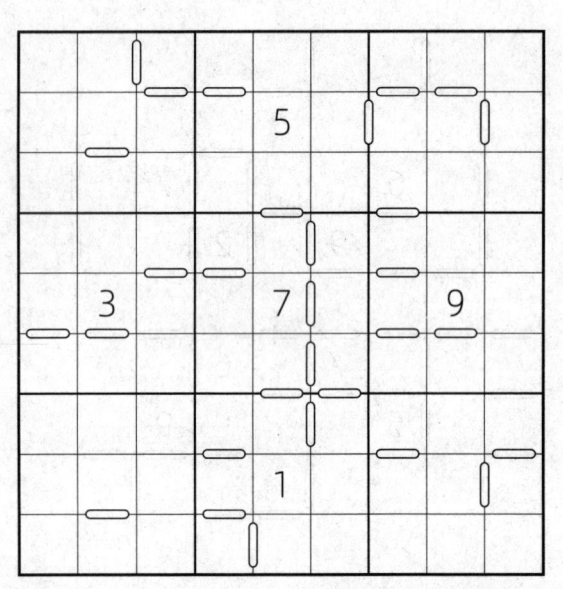

157

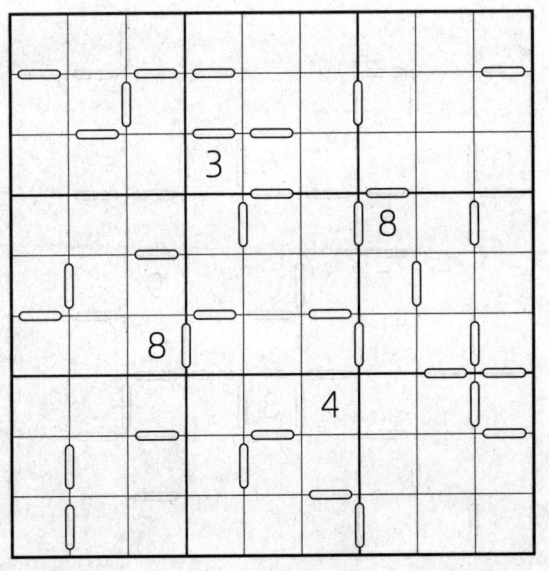

答案见 P267

158

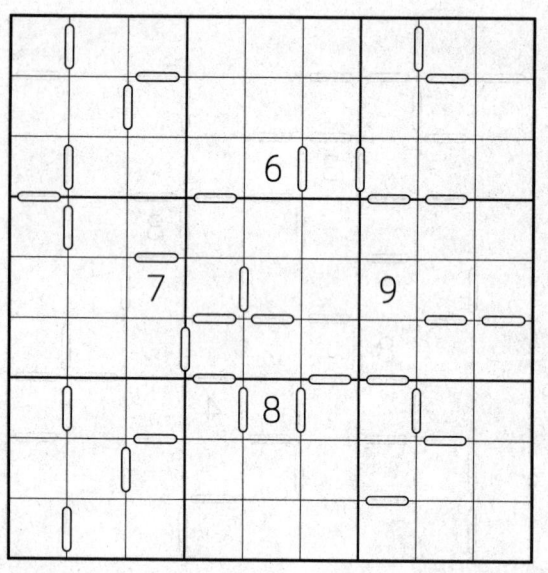

☆☆☆   答案见 P267

159

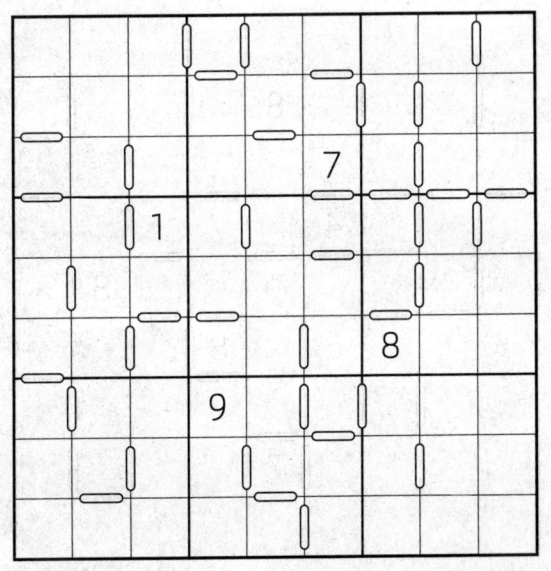

☆ ☆ ☆   答案见 P267

160

☆☆☆

答案见 P267

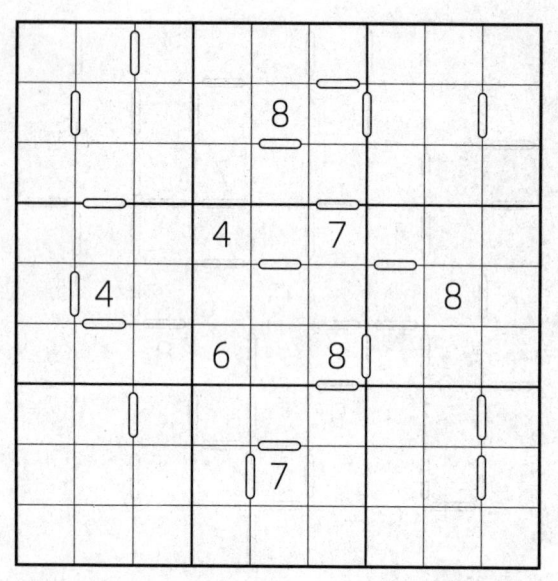

161

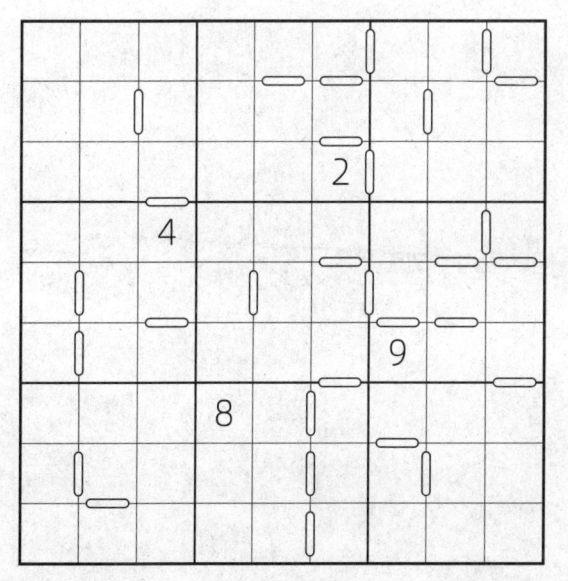

☆☆☆ 答案见 P268

… Mensa

百变数独

MENSA
SUDOKU

四格提示数独

QUAD PENCIL MARK SUDOKU

规则
INSTRUCTIONS

在每个空方格内填入1到9中任意一个数字，使每一行、每一列以及每个3×3大小的粗线框内都没有重复的数字。有些四个空方格的交点处会出现四个数字，那么就需要把这四个数字填入这四个空方格内，但没有顺序上的要求。

MENSA
SUDOKU

示例
EXAMPLE

E

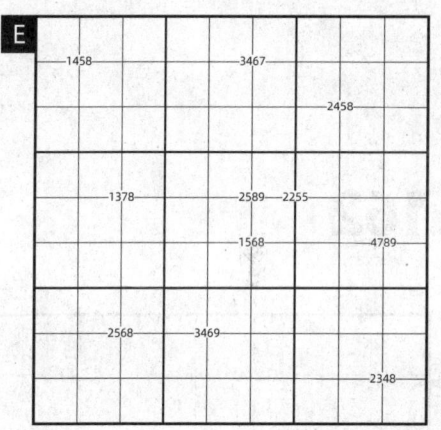

```
-1458-        -3467-
                       -2458-

    -1378-   -2589- -2255-
         -1568-        -4789-

    -2568- -3469-
                       -2348-
```

S

8	1	2	5	7	4	9	6	3
5	4	9	1	6	3	8	2	7
7	6	3	8	2	9	4	5	1
4	8	7	3	9	2	5	1	6
6	3	1	4	8	5	2	7	9
2	9	5	7	1	6	3	8	4
3	2	8	6	4	7	1	9	5
1	5	6	9	3	8	7	4	2
9	7	4	2	5	1	6	3	8

Clues in S: 1458, 3467, 2458, 1378, 2589, 2255, 1568, 4789, 2568, 3469, 2348

162

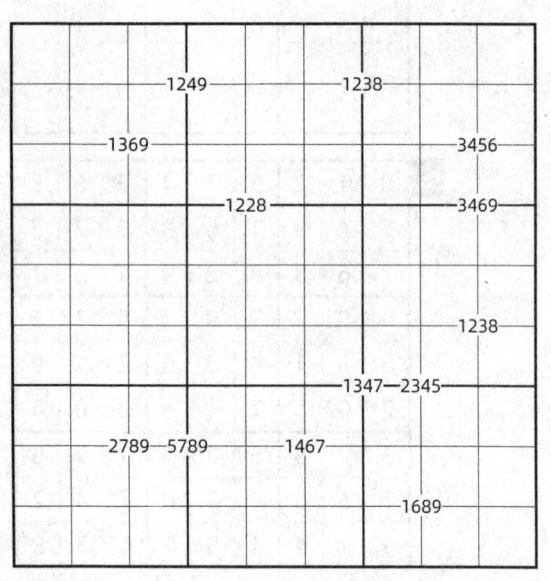

☆ ☆ ☆

答案见 P268

163

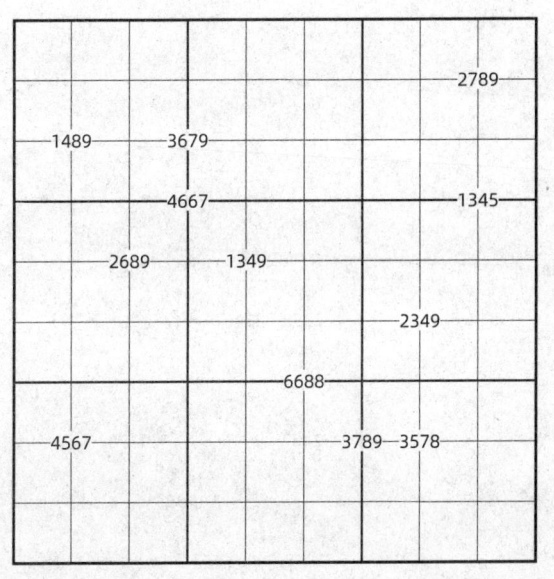

☆ ☆ ☆

答案见 P268

164

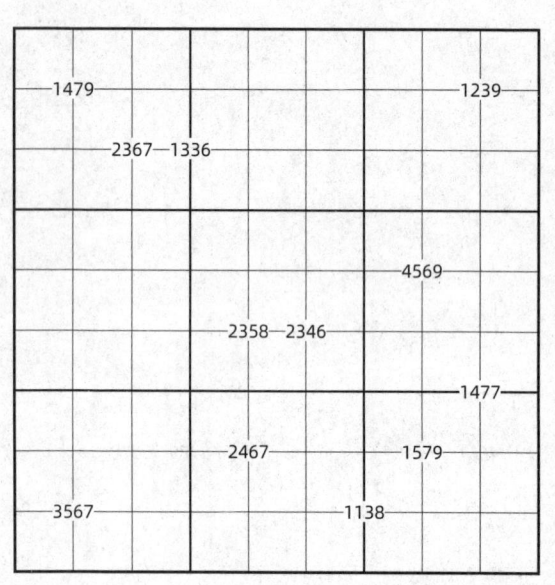

☆ ☆ ☆

答案见 P268

165

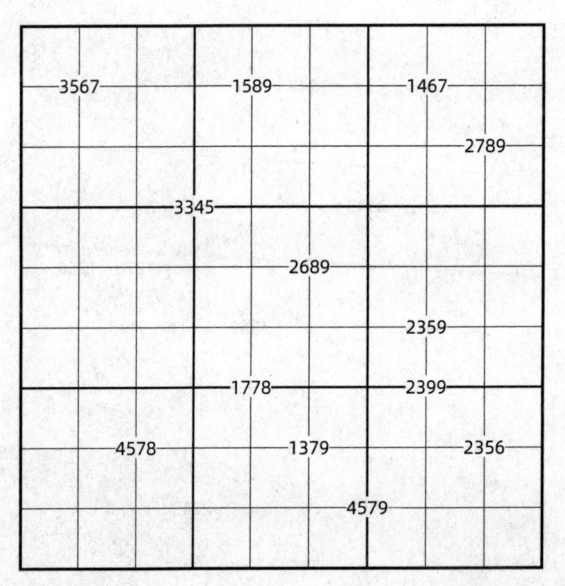

3567 1589 1467
            2789
  3345
      2689
        2359
    1778 2399
  4578 1379 2356
      4579

☆ ☆ ☆ 答案见 P269

166

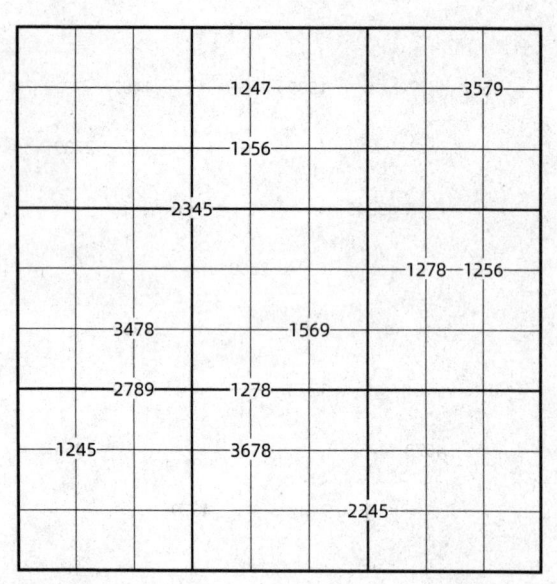

1247
3579
1256
2345
1278
1256
3478
1569
2789
1278
1245
3678
2245

☆☆☆

答案见 P269

167

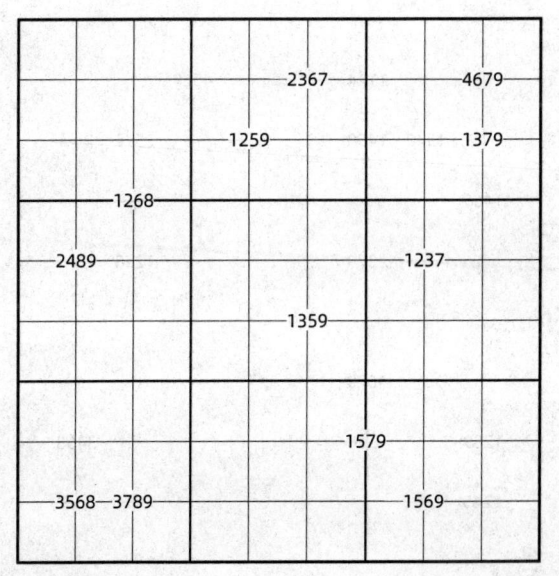

2367
4679
1259
1379
1268
2489
1237
1359
1579
3568
3789
1569

☆☆☆

答案见 P269

182

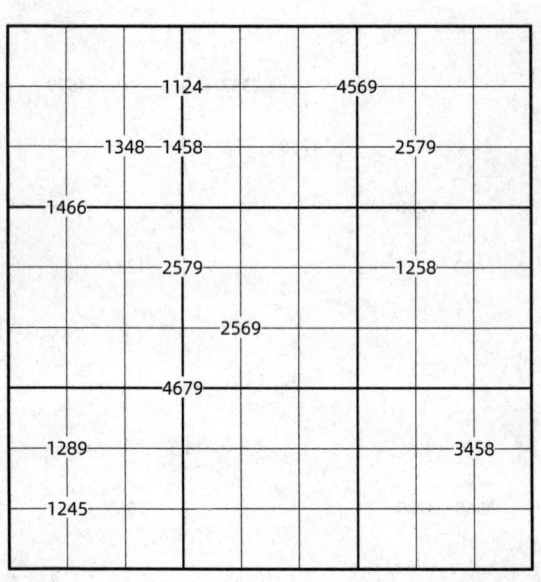

门萨趣味谜题
百变数独

168

☆☆☆

答案见 P269

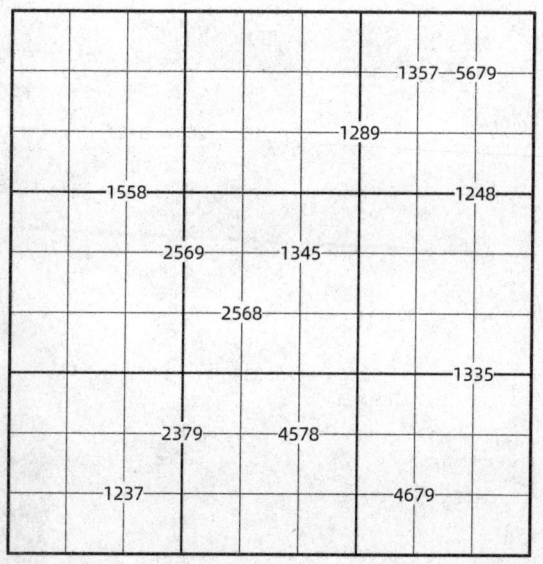

169

☆ ☆ ☆

答案见 P270

170

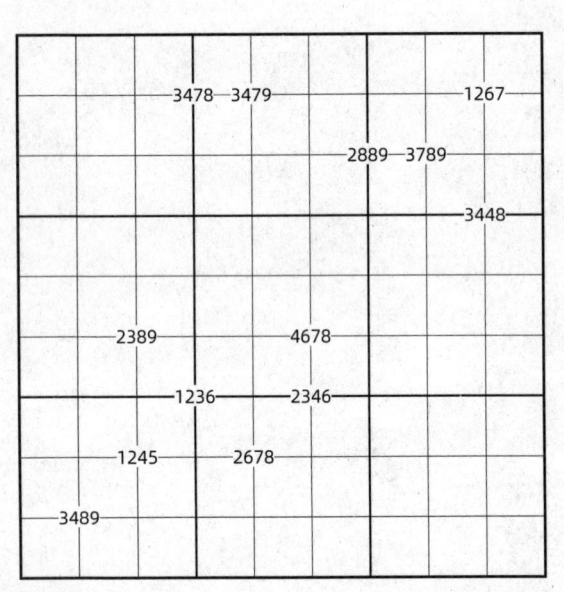

答案见P270

171

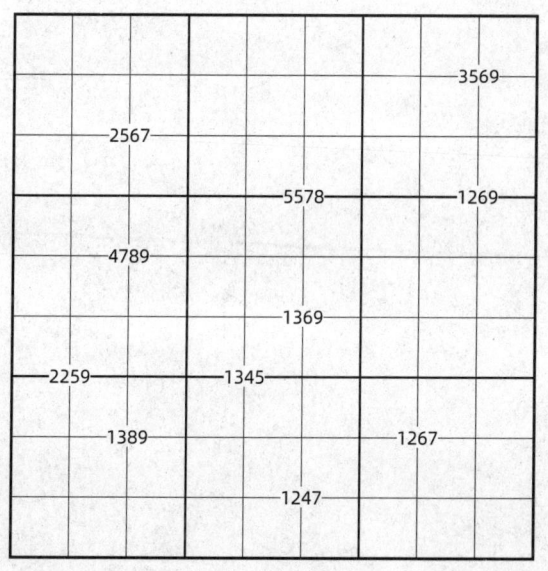

答案见 P270

百变数独

MENSA
SUDOKU

四格最大数独

QUAD-MAX SUDOKU

规则
INSTRUCTIONS

在每个空方格内填入1到9中任意一个数字，使每一行、每一列以及每个3×3大小的粗线框内都没有重复的数字。

此外，对所有2×2大小的方格组来说，如果某个方格里的数字大于与其相邻的其他三个方格里的数字（即"四格里最大"），则在此方格里添加一个箭头，箭头指向其他三个方格。具体来说就是，当某一个方格中的数字大于所有与其相邻的三个方格中的数字时，箭头就一定会被添加在其最靠近这三个方格的角上。

MENSA
SUDOKU

示例
EXAMPLE

E

						5		
			3	4				
4								
							2	
	8						3	
	4							
								5
				3	5			
		3						

S

9	1	8	6	2	7	5	4	3
5	7	2	3	4	8	6	1	9
4	3	6	5	9	1	7	8	2
6	9	5	7	8	3	1	2	4
2	8	7	1	5	4	9	3	6
3	4	1	9	6	2	8	5	7
1	2	4	8	7	9	3	6	5
8	6	9	4	3	5	2	7	1
7	5	3	2	1	6	4	9	8

172

	2		5		7		8	
6								2
		5				7		
7				6				9
			4		3			
3				1				4
		1				9		
2								6
	4		7		2		3	

☆

答案见 P270

173

			1		5			
	4						3	
				9				
5								2
		7				9		
2								4
				3				
	9						2	
			6		2			

☆

答案见 P271

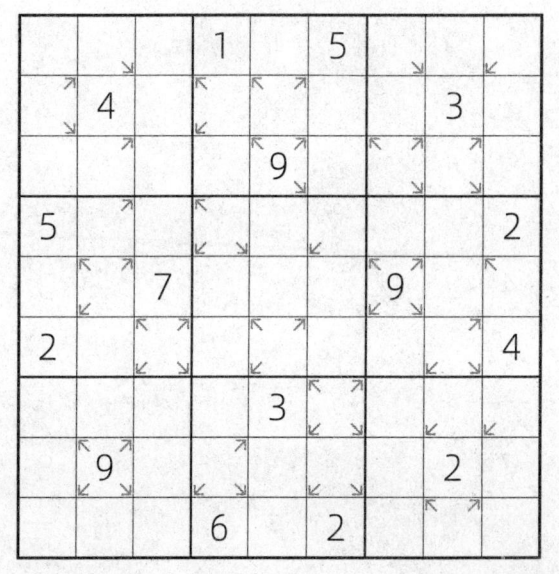

174

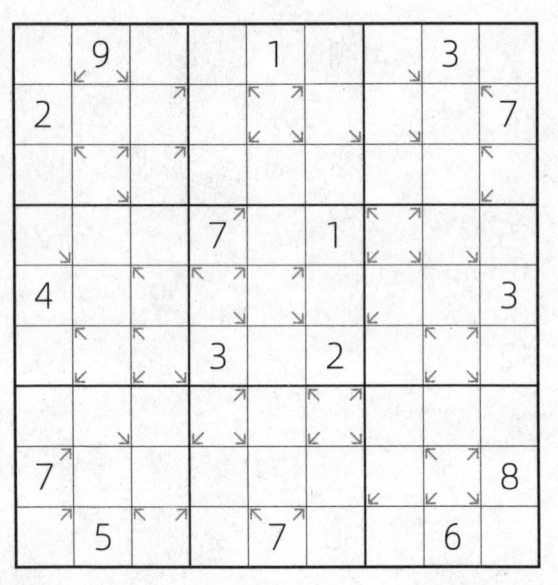

答案见 P271

175

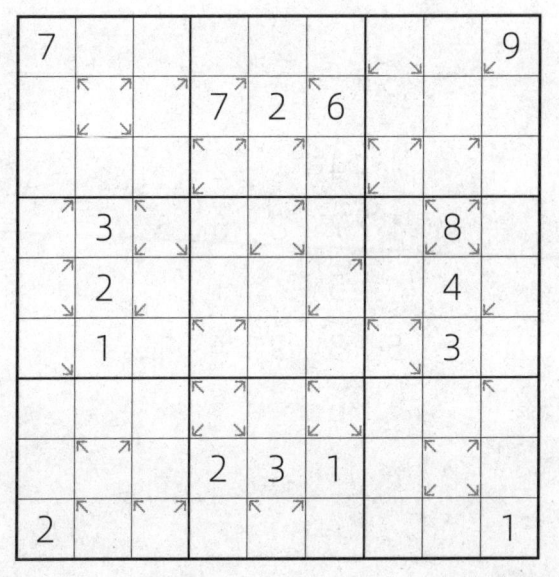

7								9
			7	2	6			
	3						8	
	2						4	
	1						3	
			2	3	1			
2								1

☆

答案见 P271

176

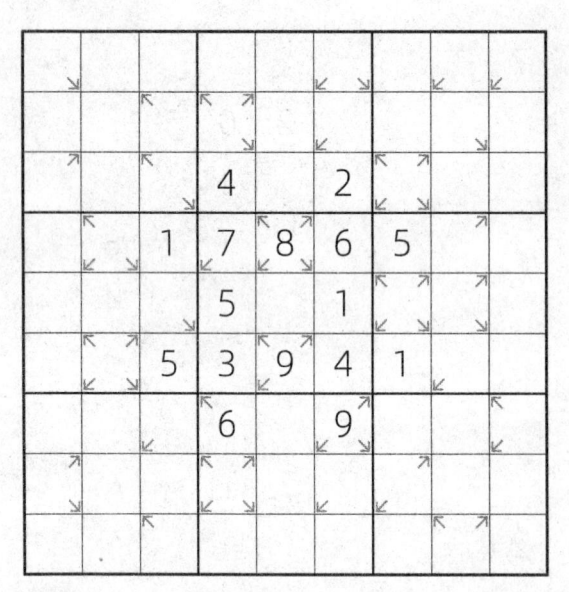

☆ ☆

答案见 P271

177

	4						8	
2				1				4
		7				5		
	3			4			7	
		6				3		
4				9				2
	2						4	

☆☆ 答案见P272

178

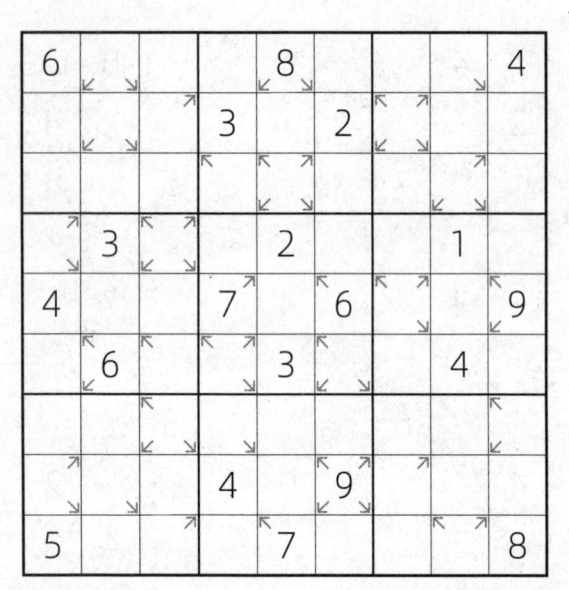

6				8				4
		3		2				
	3			2			1	
4			7		6			9
	6			3			4	
			4		9			
5				7				8

答案见 P272

179

	3						7	
2								3
		1		8		2		
			5		1			
		9				6		
			9		7			
		6		2		7		
9								1
	7						4	

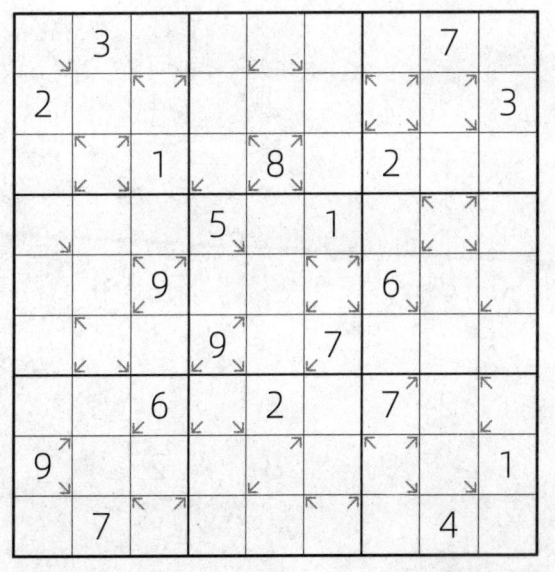

☆ ☆

答案见 P272

180

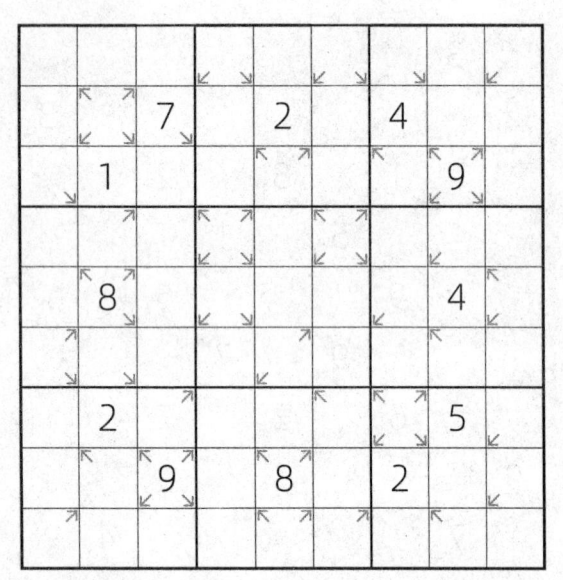

☆ ☆ ☆

答案见P272

181

☆☆☆

答案见 P273

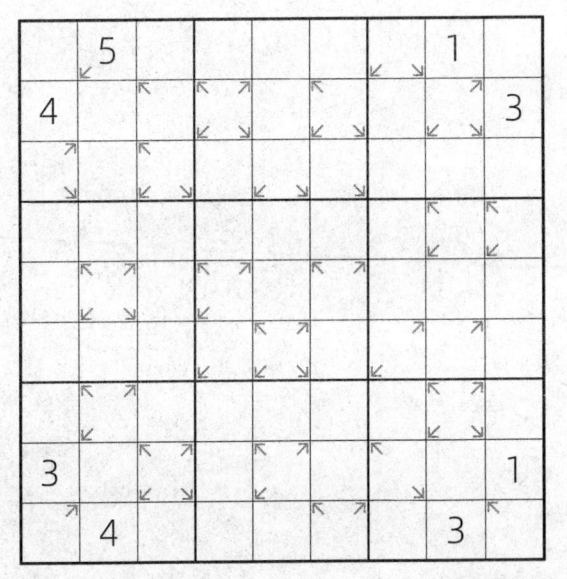

Mensa

百变数独

MENSA
SUDOKU

XV 数独
SUDOKU XV

规则
INSTRUCTIONS

在每个空方格内填入1到9中任意一个数字，使每一行、每一列以及每个3×3大小的粗线框内都没有重复的数字。

注意，标注"X"的，表示其相邻两个方格内的数字之和为10（比如7和3）；标注"V"的，表示其相邻两个方格内的数字之和为5（比如1和4）。没有用"X"或"V"标记的，则表示相邻方格里的数字之和不能为5或者10。

MENSA
SUDOKU

示例
EXAMPLE

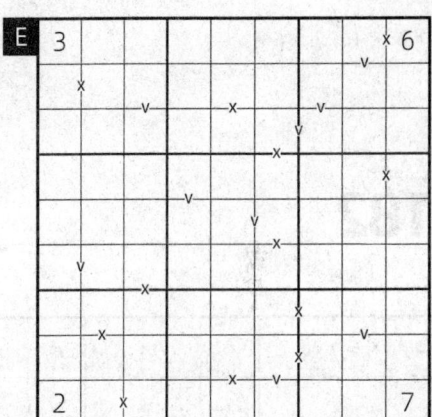

E	3							×6
	×							
		v	×		v			
				×				×
			v					
				v	×			
	v		×					
					×		v	
	×			×	v			
2	×							7

S	3	9	7	2	1	5	8	4 ×	6
	8 ×	2	4	7	6	9	3	1	5
	6	5	1	8	4	3 v	2	7	9
	9	6	3	4	5	7	1	8 ×	2
	7	8	5	1	3 v	2	6	9	4
	1 v	4	2	6	9	8	7	5	3
	5	3	8	9	7	6 ×	4	2	1
	4	7	6	5	2	1 ×	9	3	8
	2	1 ×	9	3	8	4	5	6	7

182

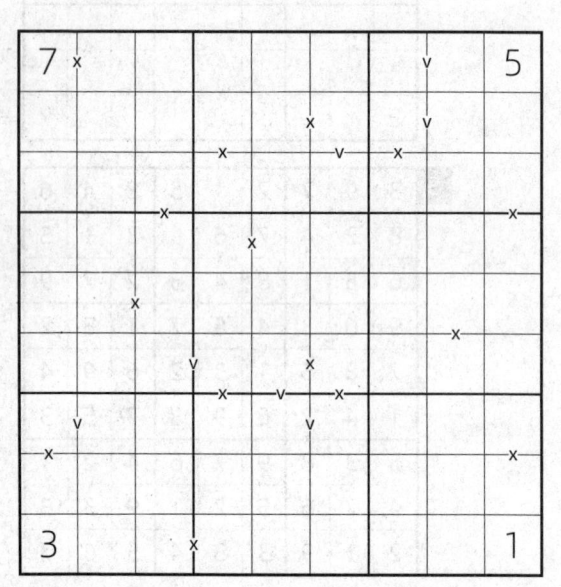

答案见 P273

183

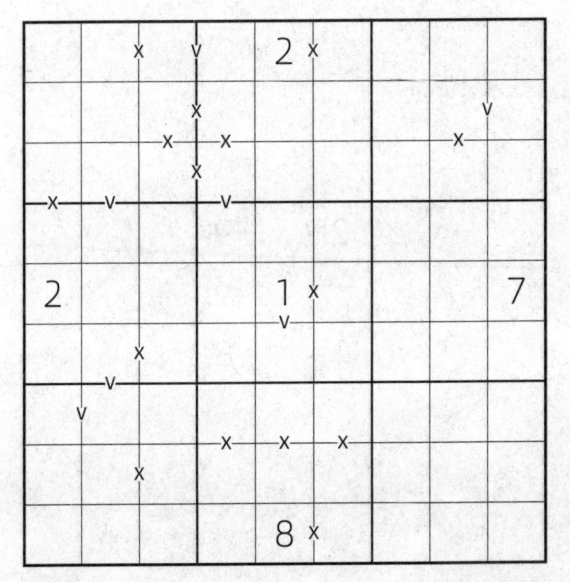

答案见 P273

184

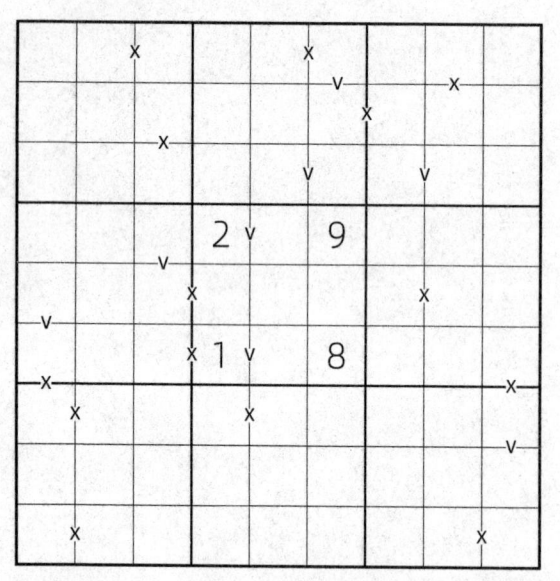

☆ ☆ ☆

答案见 P273

185

☆☆☆

答案见 P274

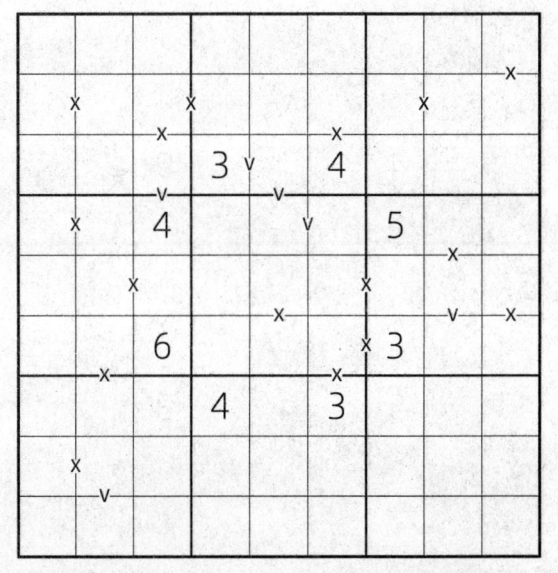

186

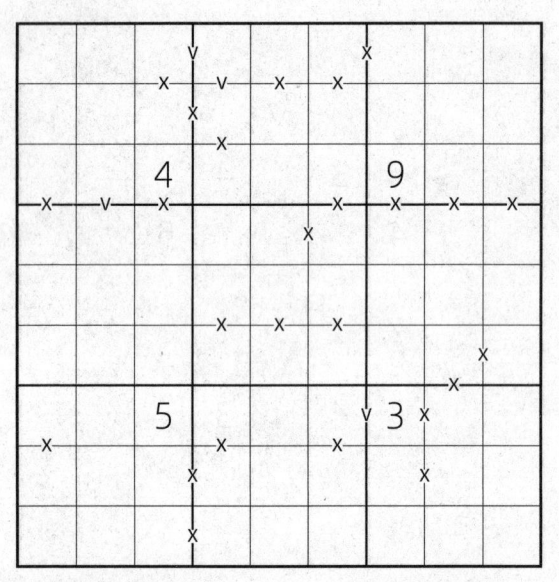

☆ ☆ ☆ 答案见 P274

187

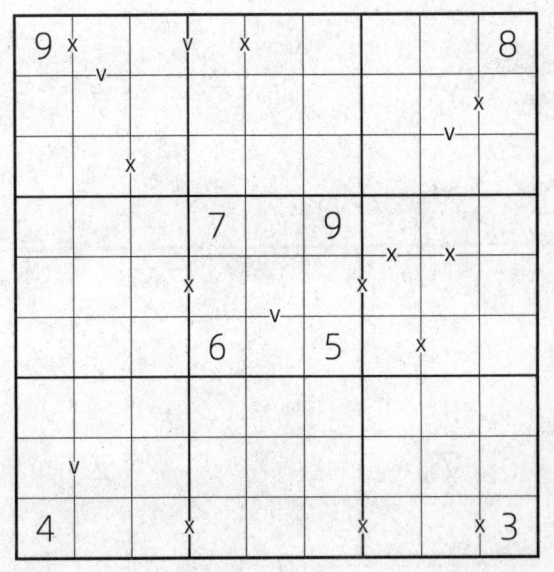

☆☆☆

答案见 P274

210

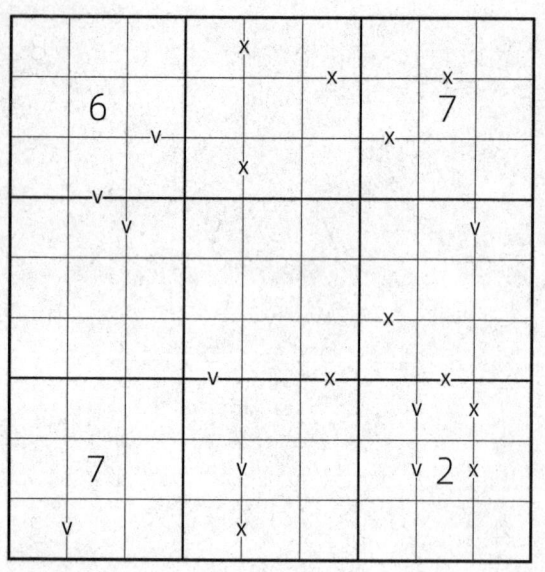

门萨趣味谜题
百变数独

188

☆ ☆ ☆

答案见 P274

189

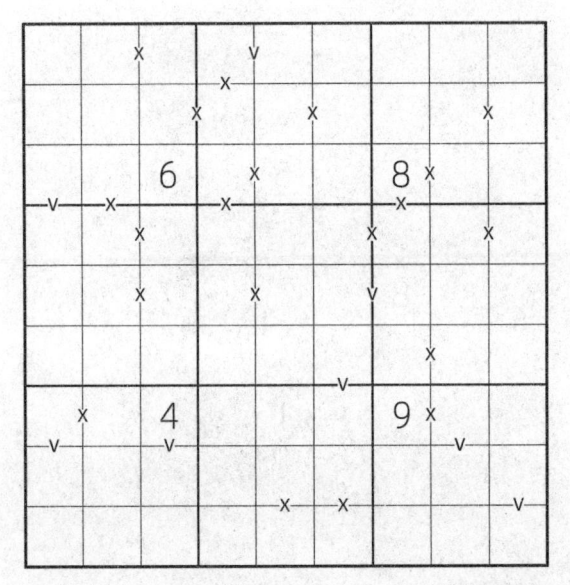

☆☆☆ 答案见 P275

190

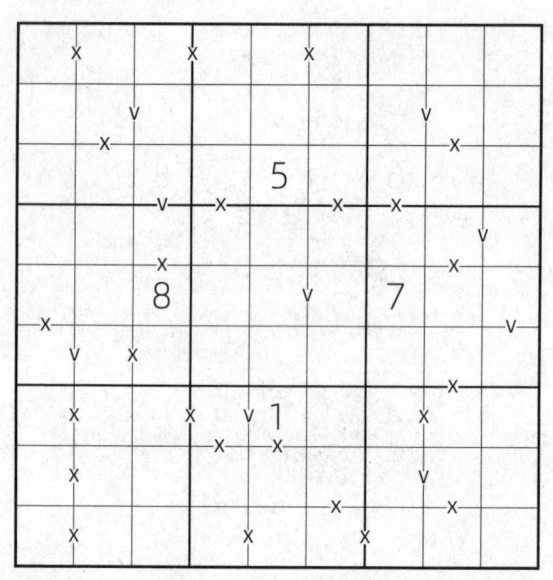

☆☆☆　　　　　　　　　答案见 P275

191

☆☆☆

答案见 P275

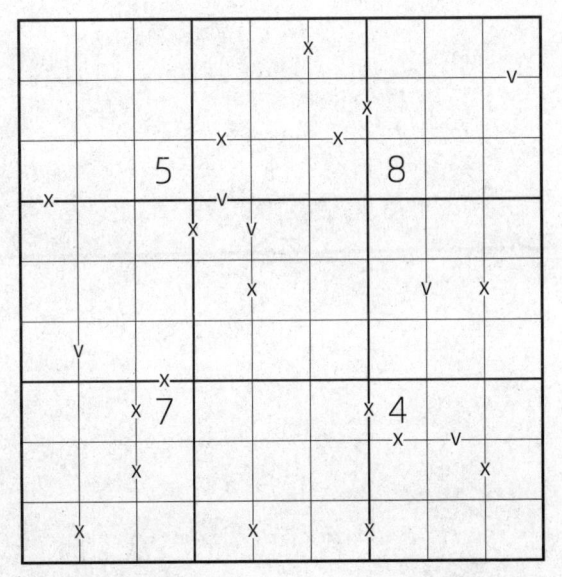

Mensa

百变数独

MENSA
SUDOKU

蠕虫数独

WORM SUDOKU

规则
INSTRUCTIONS

在每个空方格内填入1到9中任意一个数字，使每一行、每一列以及每个3×3大小的粗线框内都没有重复的数字。

注意，在每个蠕虫内的数字，需要严格按照从大到小排列，并且每两个相邻数字之间的差值为1，蠕虫头部的数字为最大的数字（有眼睛的是头部），从头到尾数字依次递减。比如，符合的数字可以是8765，但不可以是8754或者8766。

MENSA
SUDOKU

示例
EXAMPLE

E

	6							4
			4				8	
				7				
				5				
	1						5	

S

7	8	1	6	2	4	5	9	3
6	5	2	3	9	7	1	8	4
9	4	3	5	1	8	6	7	2
1	9	8	2	6	5	4	3	7
5	2	4	7	3	9	8	6	1
3	6	7	4	8	1	9	2	5
4	3	5	9	7	6	2	1	8
8	7	6	1	5	2	3	4	9
2	1	9	8	4	3	7	5	6

218

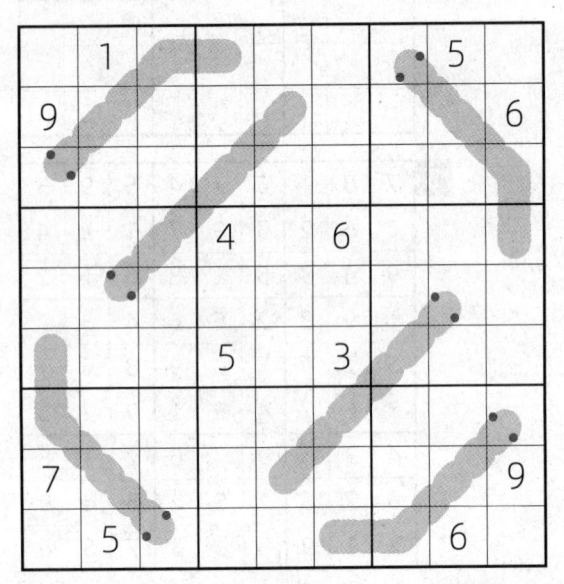

门萨趣味谜题

百变数独

192

	1						5	
9								6
				4		6		
				5		3		
7								9
	5						6	

☆ ☆

答案见 P275

193

		5			1			
4								6
3								1
		7			3			

☆ ☆

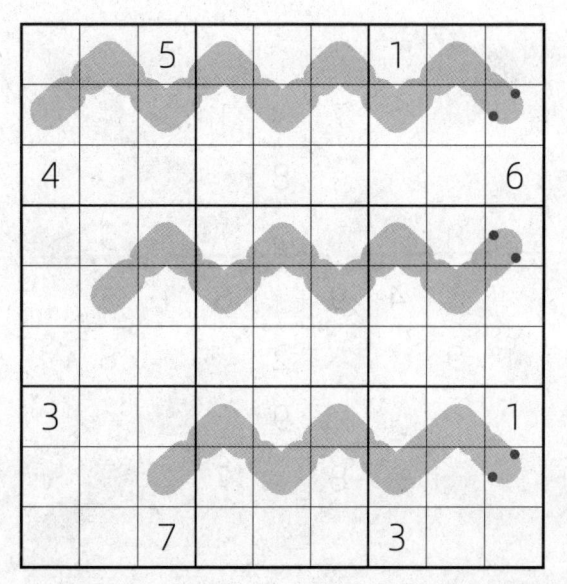

答案见 P276

194

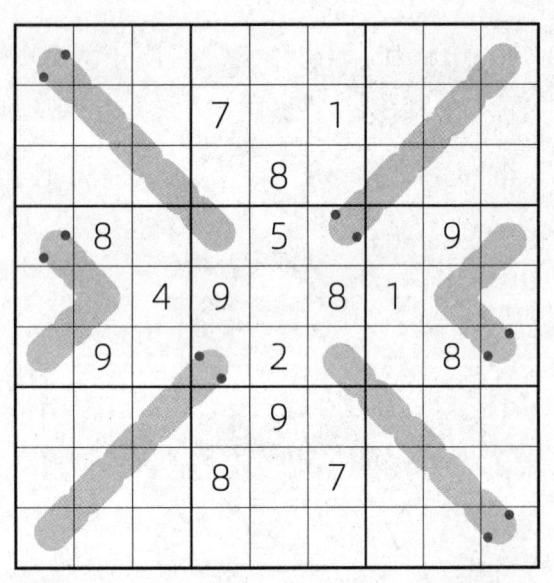

			7		1			
				8				
	8			5			9	
		4	9		8	1		
	9			2			8	
				9				
			8		7			

☆ ☆   答案见 P276

195

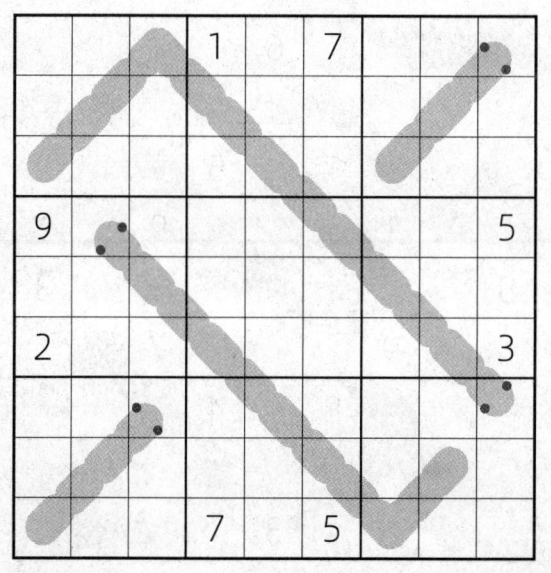

			1		7			
9								5
2								3
			7		5			

☆☆

答案见 P276

222

门萨趣味谜题 百变数独

196

			6					
			1		5			
		1				9		
8								3
		9				7		
			8		4			
			3					

☆ ☆ ☆   答案见 P276

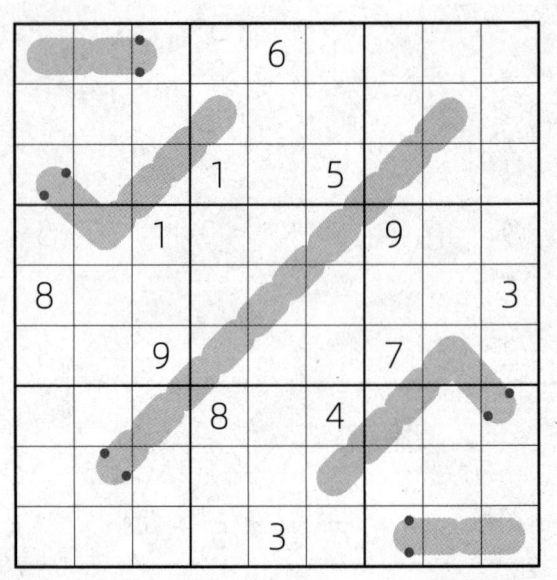

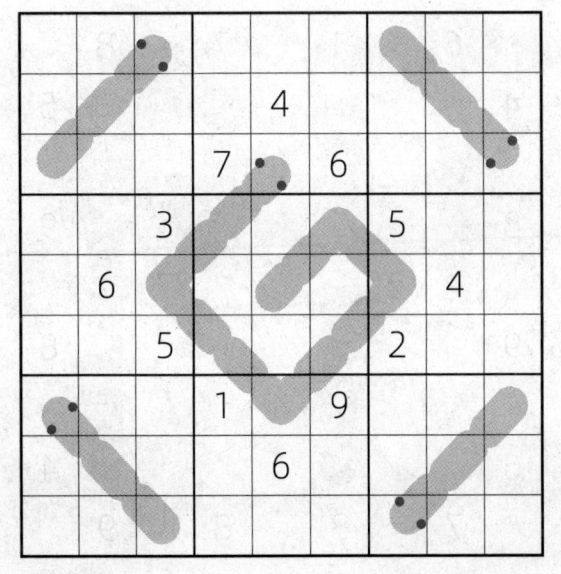

197

				4				
			7		6			
		3				5		
	6						4	
		5				2		
			1		9			
				6				

☆☆☆

答案见 P277

224

门萨趣味谜题
百变数独

198

	6		1		7		8	
4								5
				8				
8								9
		2				7		
9								8
				4				
6								4
	7		3		8		9	

☆ ☆ ☆ 答案见 P277

SUDOKU

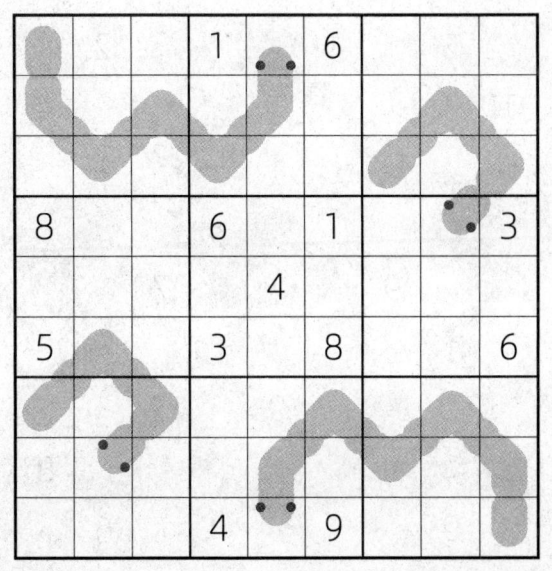

199

			1		6			
8			6		1			3
				4				
5			3		8			6
			4		9			

☆☆☆   答案见P277

200

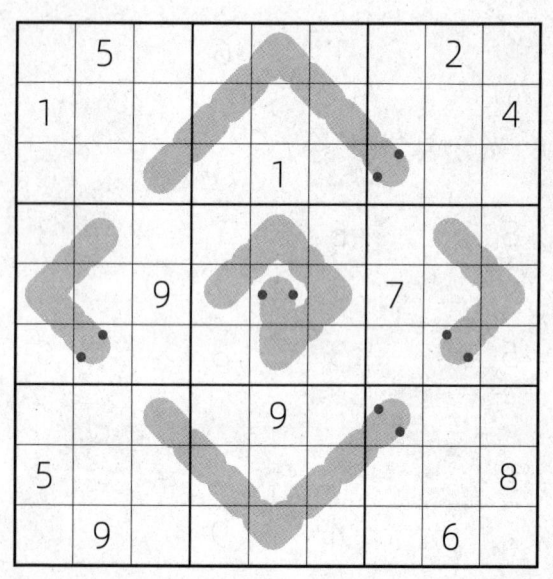

	5						2	
1								4
				1				
		9				7		
				9				
5								8
	9						6	

☆ ☆ ☆   答案见 P277

201

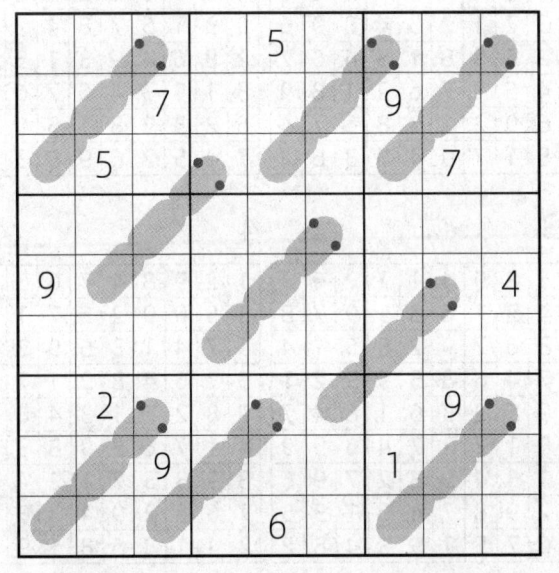

		•		5		•		•
		7				9		
	5		•				7	
					•			
9						•		4
	2	•		•			9	•
		9				1		
				6				

☆ ☆ ☆ 答案见 P278

1

7	2	6	3	8	1	9	4	5
1	4	8	5	9	6	7	2	3
9	3	5	4	2	7	6	1	8
5	8	4	6	7	9	2	3	1
3	7	1	2	5	4	8	9	6
2	6	9	8	1	3	4	5	7
4	5	3	7	6	2	1	8	9
6	9	2	1	3	8	5	7	4
8	1	7	9	4	5	3	6	2

2

3	9	4	8	2	7	6	1	5
1	7	8	9	5	6	2	4	3
5	6	2	1	3	4	9	7	8
4	5	7	6	1	2	3	8	9
9	3	1	5	7	8	4	2	6
2	8	6	4	9	3	1	5	7
8	1	9	3	4	5	7	6	2
6	2	3	7	8	1	5	9	4
7	4	5	2	6	9	8	3	1

3

5	8	9	4	1	7	2	6	3
4	2	1	6	3	5	9	7	8
3	6	7	9	2	8	5	1	4
7	4	6	8	5	9	3	2	1
9	5	2	3	6	1	8	4	7
8	1	3	2	7	4	6	5	9
1	3	4	5	8	2	7	9	6
2	9	8	7	4	6	1	3	5
6	7	5	1	9	3	4	8	2

4

1	2	9	8	4	7	6	5	3
3	5	8	9	2	6	7	1	4
6	7	4	1	3	5	9	2	8
5	3	6	4	8	2	1	7	9
9	8	2	7	1	3	4	6	5
4	1	7	6	5	9	8	3	2
8	9	3	5	7	1	2	4	6
7	6	5	2	9	4	3	8	1
2	4	1	3	6	8	5	9	7

SOLUTIONS

5

5	9	7	3	4	6	8	1	2
1	2	6	5	7	8	3	4	9
4	3	8	2	1	9	6	7	5
7	6	5	4	8	1	2	9	3
2	8	1	7	9	3	5	6	4
3	4	9	6	2	5	7	8	1
6	1	2	9	3	7	4	5	8
9	7	4	8	5	2	1	3	6
8	5	3	1	6	4	9	2	7

6

2	8	1	9	4	3	6	5	7
4	7	9	6	2	5	3	1	8
3	6	5	7	8	1	4	2	9
5	3	4	1	9	7	2	8	6
9	1	7	2	6	8	5	3	4
6	2	8	3	5	4	7	9	1
8	9	2	5	7	6	1	4	3
7	4	3	8	1	2	9	6	5
1	5	6	4	3	9	8	7	2

7

6	4	8	1	7	5	2	9	3
2	1	9	8	3	4	7	5	6
5	7	3	9	6	2	1	8	4
7	5	2	6	1	9	3	4	8
9	3	6	4	2	8	5	7	1
4	8	1	3	5	7	9	6	2
3	9	5	2	4	6	8	1	7
8	2	4	7	9	1	6	3	5
1	6	7	5	8	3	4	2	9

8

5	4	7	3	6	9	8	2	1
3	6	1	8	7	2	5	9	4
2	9	8	1	4	5	6	3	7
4	8	9	7	2	1	3	6	5
1	5	2	6	9	3	7	4	8
6	7	3	5	8	4	9	1	2
8	1	6	4	3	7	2	5	9
9	3	5	2	1	8	4	7	6
7	2	4	9	5	6	1	8	3

答案

9

7	9	1	5	6	2	4	8	3
5	8	2	4	7	3	9	1	6
3	4	6	1	9	8	2	7	5
6	1	3	9	5	7	8	2	4
8	2	5	3	4	1	6	9	7
4	7	9	8	2	6	5	3	1
9	6	8	7	3	4	1	5	2
1	3	4	2	8	5	7	6	9
2	5	7	6	1	9	3	4	8

10

5	3	6	7	1	8	4	9	2
4	8	2	5	9	6	1	3	7
7	1	9	3	2	4	5	8	6
3	2	5	1	4	9	7	6	8
8	7	1	6	5	2	9	4	3
6	9	4	8	7	3	2	1	5
9	6	7	4	3	5	8	2	1
2	5	8	9	6	1	3	7	4
1	4	3	2	8	7	6	5	9

11

1	4	8	9	5	6	2	7	3
3	2	7	1	8	4	5	9	6
9	6	5	3	7	2	1	8	4
4	8	6	5	3	7	9	2	1
7	5	3	2	9	1	4	6	8
2	9	1	6	4	8	3	5	7
6	3	4	8	2	9	7	1	5
8	7	2	4	1	5	6	3	9
5	1	9	7	6	3	8	4	2

12

9	2	8	6	5	3	7	1	4
7	4	3	2	1	9	6	8	5
1	5	6	8	4	7	2	3	9
6	9	4	7	3	5	1	2	8
2	3	7	1	9	8	4	5	6
8	1	5	4	2	6	3	9	7
5	8	1	3	7	4	9	6	2
3	7	9	5	6	2	8	4	1
4	6	2	9	8	1	5	7	3

SOLUTIONS

13

7	4	1	3	6	5	2	9	8
8	2	6	9	4	7	3	1	5
9	3	5	8	2	1	4	7	6
6	1	8	7	5	2	9	4	3
4	5	2	1	9	3	6	8	7
3	7	9	6	8	4	1	5	2
5	6	7	2	1	9	8	3	4
2	9	4	5	3	8	7	6	1
1	8	3	4	7	6	5	2	9

14

3	4	5	7	9	6	8	1	2
1	9	2	8	4	5	3	6	7
8	6	7	1	2	3	4	5	9
5	2	9	4	6	1	7	3	8
4	3	6	2	7	8	1	9	5
7	1	8	5	3	9	2	4	6
6	7	1	3	5	2	9	8	4
2	5	3	9	8	4	6	7	1
9	8	4	6	1	7	5	2	3

15

8	9	1	5	6	3	7	4	2
4	5	7	2	9	8	6	3	1
2	6	3	4	7	1	5	9	8
3	2	9	1	5	7	4	8	6
6	4	5	9	8	2	1	7	3
7	1	8	6	3	4	9	2	5
5	7	6	8	2	9	3	1	4
9	8	4	3	1	6	2	5	7
1	3	2	7	4	5	8	6	9

16

4	6	7	2	5	8	3	9	1
2	1	5	6	3	9	7	8	4
8	9	3	7	1	4	6	5	2
5	3	2	4	7	6	9	1	8
9	7	4	3	8	1	2	6	5
6	8	1	9	2	5	4	7	3
1	4	9	8	6	3	5	2	7
3	2	8	5	9	7	1	4	6
7	5	6	1	4	2	8	3	9

答案

17

9	5	2	8	7	4	6	3	1
7	1	6	5	9	3	2	8	4
4	3	8	1	2	6	5	7	9
6	9	5	4	3	8	1	2	7
2	4	7	9	6	1	8	5	3
3	8	1	7	5	2	9	4	6
1	2	3	6	4	5	7	9	8
8	7	4	2	1	9	3	6	5
5	6	9	3	8	7	4	1	2

18

5	9	7	6	3	8	4	2	1
2	8	3	5	4	1	6	9	7
4	1	6	7	2	9	3	8	5
6	3	8	1	9	2	7	5	4
1	4	2	3	5	7	8	6	9
7	5	9	8	6	4	2	1	3
8	6	1	4	7	5	9	3	2
3	2	4	9	1	6	5	7	8
9	7	5	2	8	3	1	4	6

19

8	9	6	3	2	1	7	5	4
1	3	7	4	5	9	2	8	6
4	5	2	7	8	6	9	3	1
7	1	5	8	9	4	6	2	3
2	6	4	5	1	3	8	9	7
9	8	3	6	7	2	4	1	5
3	7	1	9	6	8	5	4	2
6	4	8	2	3	5	1	7	9
5	2	9	1	4	7	3	6	8

20

2	4	6	9	5	8	7	3	1
8	9	5	7	3	1	6	2	4
1	3	7	2	6	4	5	8	9
3	5	2	1	9	7	4	6	8
4	1	8	6	2	3	9	7	5
6	7	9	4	8	5	3	1	2
5	8	1	3	7	9	2	4	6
9	2	3	8	4	6	1	5	7
7	6	4	5	1	2	8	9	3

21

3	6	2	1	8	5	9	7	4
1	7	9	6	4	2	5	3	8
4	8	5	9	7	3	2	6	1
6	1	7	3	5	9	8	4	2
5	3	4	8	2	1	7	9	6
2	9	8	7	6	4	3	1	5
9	2	3	5	1	6	4	8	7
8	4	6	2	9	7	1	5	3
7	5	1	4	3	8	6	2	9

22

8	1	5	4	2	6	9	3	7
7	2	6	3	5	9	1	8	4
4	9	3	7	1	8	2	5	6
9	3	4	5	7	1	8	6	2
6	8	1	9	4	2	3	7	5
2	5	7	6	8	3	4	1	9
5	7	2	8	3	4	6	9	1
1	6	8	2	9	7	5	4	3
3	4	9	1	6	5	7	2	8

23

1	2	9	7	3	8	4	6	5
3	7	4	5	1	6	9	8	2
6	8	5	4	2	9	7	1	3
5	3	1	8	7	4	2	9	6
7	4	8	9	6	2	5	3	1
2	9	6	1	5	3	8	7	4
8	1	2	6	4	7	3	5	9
4	5	7	3	9	1	6	2	8
9	6	3	2	8	5	1	4	7

24

5	2	9	3	1	4	6	7	8
7	4	8	6	9	5	2	1	3
6	3	1	8	7	2	5	9	4
2	9	6	7	4	3	1	8	5
1	5	7	9	6	8	4	3	2
3	8	4	5	2	1	9	6	7
4	7	3	1	5	6	8	2	9
8	6	2	4	3	9	7	5	1
9	1	5	2	8	7	3	4	6

答案

25

9	1	5	2	7	6	3	4	8
3	8	7	4	9	5	2	6	1
2	6	4	8	1	3	5	7	9
8	4	3	7	6	1	9	5	2
1	5	2	3	4	9	7	8	6
6	7	9	5	2	8	4	1	3
7	3	6	9	8	4	1	2	5
5	2	8	1	3	7	6	9	4
4	9	1	6	5	2	8	3	7

26

1	6	3	7	5	9	4	2	8
4	5	7	1	2	8	6	3	9
8	2	9	4	6	3	7	5	1
7	9	5	6	4	2	1	8	3
3	8	2	9	7	1	5	6	4
6	1	4	3	8	5	9	7	2
9	7	6	2	3	4	8	1	5
5	3	1	8	9	7	2	4	6
2	4	8	5	1	6	3	9	7

27

7	1	3	8	4	2	5	9	6
2	6	8	7	9	5	3	4	1
5	4	9	1	6	3	2	7	8
1	3	5	2	7	9	8	6	4
4	9	7	6	3	8	1	2	5
8	2	6	5	1	4	9	3	7
9	8	4	3	5	6	7	1	2
3	7	2	4	8	1	6	5	9
6	5	1	9	2	7	4	8	3

28

8	6	1	2	7	3	9	5	4
2	7	5	6	9	4	8	3	1
9	3	4	1	8	5	7	2	6
1	5	8	4	2	9	6	7	3
6	4	2	7	3	1	5	8	9
3	9	7	5	6	8	4	1	2
4	1	6	3	5	7	2	9	8
5	8	3	9	4	2	1	6	7
7	2	9	8	1	6	3	4	5

SOLUTIONS

29

9	1	6	2	4	7	5	3	8
5	7	8	3	9	1	4	2	6
2	3	4	5	6	8	9	7	1
6	9	5	4	1	2	3	8	7
7	8	2	6	5	3	1	9	4
3	4	1	7	8	9	2	6	5
8	2	7	1	3	4	6	5	9
1	6	3	9	7	5	8	4	2
4	5	9	8	2	6	7	1	3

30

5	3	9	6	1	7	2	8	4
7	6	8	4	2	5	9	1	3
1	2	4	8	3	9	6	7	5
6	1	3	7	9	8	4	5	2
2	9	5	3	4	1	7	6	8
4	8	7	2	5	6	1	3	9
8	4	2	1	6	3	5	9	7
9	7	6	5	8	4	3	2	1
3	5	1	9	7	2	8	4	6

31

7	3	8	5	4	6	9	2	1
6	5	9	2	8	1	4	3	7
1	2	4	9	3	7	6	8	5
2	8	5	6	1	9	7	4	3
3	7	1	4	5	8	2	6	9
9	4	6	3	7	2	5	1	8
8	6	7	1	9	4	3	5	2
5	9	2	8	6	3	1	7	4
4	1	3	7	2	5	8	9	6

32

4	8	1	6	2	9	7	5	3
5	2	6	3	7	4	9	1	8
3	7	9	5	8	1	4	6	2
7	4	5	9	1	2	3	8	6
2	1	3	7	6	8	5	9	4
9	6	8	4	5	3	1	2	7
8	5	2	1	4	7	6	3	9
6	9	4	8	3	5	2	7	1
1	3	7	2	9	6	8	4	5

33

4	8	9	1	3	2	6	7	5
2	7	6	5	9	8	1	3	4
1	5	3	7	6	4	2	8	9
5	6	1	3	2	7	4	9	8
8	3	2	6	4	9	7	5	1
7	9	4	8	5	1	3	2	6
9	4	8	2	7	6	5	1	3
6	2	5	9	1	3	8	4	7
3	1	7	4	8	5	9	6	2

34

3	7	6	2	9	4	8	5	1
8	9	5	3	1	6	2	7	4
4	1	2	8	7	5	3	9	6
7	4	9	5	3	8	6	1	2
5	2	3	9	6	1	7	4	8
6	8	1	4	2	7	5	3	9
9	3	8	7	4	2	1	6	5
1	5	4	6	8	3	9	2	7
2	6	7	1	5	9	4	8	3

35

9	4	5	7	1	6	3	2	8
6	3	8	5	4	2	9	1	7
7	2	1	3	8	9	5	4	6
3	6	2	9	7	4	1	8	5
5	1	9	6	3	8	2	7	4
4	8	7	2	5	1	6	9	3
1	7	6	4	2	5	8	3	9
2	5	4	8	9	3	7	6	1
8	9	3	1	6	7	4	5	2

36

4	3	2	1	5	7	9	6	8
1	9	8	6	2	4	3	5	7
5	6	7	3	8	9	2	1	4
7	1	9	5	4	8	6	3	2
6	4	5	2	9	3	8	7	1
8	2	3	7	1	6	4	9	5
2	7	6	4	3	5	1	8	9
3	8	4	9	7	1	5	2	6
9	5	1	8	6	2	7	4	3

37

4	8	1	3	6	9	5	2	7
7	2	3	8	5	1	4	6	9
5	6	9	7	4	2	1	8	3
1	4	8	2	9	6	7	3	5
6	7	2	4	3	5	8	9	1
3	9	5	1	8	7	2	4	6
9	1	7	6	2	8	3	5	4
8	5	4	9	1	3	6	7	2
2	3	6	5	7	4	9	1	8

38

2	6	7	8	4	9	1	3	5
8	5	3	6	7	1	9	4	2
9	1	4	3	2	5	8	7	6
7	8	6	9	1	4	2	5	3
3	2	5	7	8	6	4	1	9
1	4	9	5	3	2	6	8	7
6	7	2	1	5	8	3	9	4
4	3	1	2	9	7	5	6	8
5	9	8	4	6	3	7	2	1

39

2	3	6	1	9	7	8	4	5
7	8	5	4	3	2	6	9	1
9	1	4	5	8	6	2	7	3
8	9	7	6	1	4	5	3	2
6	5	3	8	2	9	7	1	4
1	4	2	3	7	5	9	6	8
4	2	1	7	6	8	3	5	9
5	7	8	9	4	3	1	2	6
3	6	9	2	5	1	4	8	7

40

2	6	7	4	8	1	3	5	9
4	3	5	7	9	6	2	8	1
9	8	1	5	2	3	6	4	7
7	5	4	6	3	2	1	9	8
3	1	8	9	7	5	4	2	6
6	2	9	8	1	4	5	7	3
8	4	2	1	6	7	9	3	5
5	9	6	3	4	8	7	1	2
1	7	3	2	5	9	8	6	4

41

2	6	5	3	8	9	4	7	1
3	1	4	5	7	2	9	8	6
9	8	7	1	4	6	3	2	5
5	4	2	6	1	7	8	3	9
1	3	9	8	2	4	6	5	7
8	7	6	9	3	5	1	4	2
4	2	1	7	6	3	5	9	8
6	9	3	2	5	8	7	1	4
7	5	8	4	9	1	2	6	3

42

1	7	3	8	9	2	6	5	4
4	5	2	6	7	1	3	8	9
9	8	6	5	3	4	2	1	7
3	2	4	9	1	5	8	7	6
7	6	5	4	2	8	9	3	1
8	9	1	7	6	3	4	2	5
5	1	8	2	4	6	7	9	3
6	3	7	1	8	9	5	4	2
2	4	9	3	5	7	1	6	8

43

9	1	6	2	4	7	5	3	8
8	3	7	5	6	9	4	2	1
4	2	5	1	3	8	9	6	7
5	4	9	7	8	6	3	1	2
2	7	3	4	9	1	6	8	5
1	6	8	3	5	2	7	9	4
6	9	2	8	7	5	1	4	3
3	5	1	6	2	4	8	7	9
7	8	4	9	1	3	2	5	6

44

7	2	8	4	1	5	9	6	3
6	3	1	2	9	8	7	5	4
4	9	5	7	6	3	1	2	8
5	6	7	1	8	4	2	3	9
3	8	9	5	7	2	6	4	1
1	4	2	9	3	6	8	7	5
9	1	4	3	2	7	5	8	6
2	5	6	8	4	9	3	1	7
8	7	3	6	5	1	4	9	2

SOLUTIONS

45

7	8	6	2	3	5	4	1	9
9	1	2	6	7	4	5	3	8
4	3	5	1	9	8	2	7	6
8	4	1	7	5	9	3	6	2
6	2	9	3	8	1	7	5	4
5	7	3	4	2	6	8	9	1
3	9	4	5	1	2	6	8	7
2	5	8	9	6	7	1	4	3
1	6	7	8	4	3	9	2	5

46

9	3	4	8	1	7	6	2	5
2	1	7	5	4	6	9	8	3
8	5	6	3	2	9	4	1	7
1	6	3	9	7	8	5	4	2
4	2	5	1	6	3	7	9	8
7	9	8	2	5	4	3	6	1
6	4	2	7	3	1	8	5	9
3	8	1	4	9	5	2	7	6
5	7	9	6	8	2	1	3	4

47

9	4	7	6	3	8	5	1	2
1	8	2	5	9	7	4	6	3
3	5	6	1	2	4	8	9	7
6	1	3	9	4	5	7	2	8
4	7	9	8	6	2	1	3	5
8	2	5	3	7	1	9	4	6
5	3	4	2	8	9	6	7	1
2	9	8	7	1	6	3	5	4
7	6	1	4	5	3	2	8	9

48

4	1	8	3	6	5	7	9	2
6	7	2	4	1	9	8	5	3
3	5	9	2	8	7	6	1	4
7	6	5	8	9	3	4	2	1
1	8	3	5	2	4	9	6	7
2	9	4	1	7	6	3	8	5
5	2	7	9	3	8	1	4	6
9	4	6	7	5	1	2	3	8
8	3	1	6	4	2	5	7	9

答案

49

8	9	5	2	6	4	7	3	1
3	1	2	7	9	8	6	4	5
4	6	7	5	3	1	2	9	8
2	8	1	6	7	3	9	5	4
7	5	3	1	4	9	8	6	2
9	4	6	8	5	2	3	1	7
1	7	9	4	2	6	5	8	3
6	2	4	3	8	5	1	7	9
5	3	8	9	1	7	4	2	6

50

8	3	6	1	2	4	9	5	7
1	9	2	7	5	6	8	3	4
5	4	7	3	8	9	1	6	2
3	5	9	8	4	1	7	2	6
6	7	4	9	3	2	5	8	1
2	8	1	5	6	7	3	4	9
7	6	5	4	1	3	2	9	8
4	1	3	2	9	8	6	7	5
9	2	8	6	7	5	4	1	3

51

5	4	9	8	2	3	1	7	6
8	6	7	1	4	9	3	5	2
1	3	2	5	6	7	4	8	9
4	2	8	3	7	5	6	9	1
9	7	5	6	1	2	8	4	3
3	1	6	9	8	4	7	2	5
6	5	3	7	9	8	2	1	4
2	8	1	4	5	6	9	3	7
7	9	4	2	3	1	5	6	8

52

8	2	9	6	1	7	4	3	5
5	4	1	2	8	3	6	9	7
3	7	6	5	9	4	1	2	8
7	9	2	8	6	5	3	1	4
6	3	4	1	7	9	8	5	2
1	8	5	4	3	2	9	7	6
4	5	8	3	2	1	7	6	9
2	1	7	9	4	6	5	8	3
9	6	3	7	5	8	2	4	1

SOLUTIONS

53

1	2	4	8	5	7	9	6	3
3	7	5	2	9	6	1	8	4
6	9	8	3	4	1	7	2	5
2	5	7	9	1	3	8	4	6
8	6	1	7	2	4	3	5	9
4	3	9	5	6	8	2	1	7
5	8	3	4	7	2	6	9	1
9	1	2	6	3	5	4	7	8
7	4	6	1	8	9	5	3	2

54

3	1	9	6	7	2	4	5	8
7	4	8	9	5	3	6	2	1
6	5	2	4	8	1	3	9	7
1	2	6	8	4	9	7	3	5
8	7	4	3	2	5	1	6	9
9	3	5	1	6	7	2	8	4
5	9	7	2	1	6	8	4	3
2	8	3	7	9	4	5	1	6
4	6	1	5	3	8	9	7	2

55

8	3	7	1	4	2	6	9	5
9	4	5	8	3	6	2	7	1
1	6	2	5	7	9	8	4	3
3	2	6	9	5	8	4	1	7
7	8	1	4	2	3	9	5	6
5	9	4	7	6	1	3	8	2
2	5	8	3	1	4	7	6	9
6	7	9	2	8	5	1	3	4
4	1	3	6	9	7	5	2	8

56

9	7	5	2	6	3	4	8	1
1	6	8	5	4	9	3	2	7
3	2	4	1	8	7	6	9	5
5	3	1	9	2	6	7	4	8
6	8	9	4	7	5	1	3	2
7	4	2	8	3	1	5	6	9
4	1	6	7	9	2	8	5	3
2	5	3	6	1	8	9	7	4
8	9	7	3	5	4	2	1	6

答案

57

7	6	2	5	9	4	3	8	1
4	5	9	3	8	1	6	2	7
8	1	3	2	7	6	9	5	4
3	7	5	9	1	2	4	6	8
6	9	1	4	5	8	2	7	3
2	8	4	6	3	7	5	1	9
5	4	7	1	6	3	8	9	2
1	2	6	8	4	9	7	3	5
9	3	8	7	2	5	1	4	6

58

4	9	3	5	2	7	1	6	8
7	2	6	8	3	1	5	4	9
8	1	5	4	9	6	3	7	2
9	8	2	6	4	3	7	1	5
1	6	4	7	5	2	9	8	3
5	3	7	1	8	9	6	2	4
2	5	1	3	7	8	4	9	6
6	4	8	9	1	5	2	3	7
3	7	9	2	6	4	8	5	1

59

4	1	7	9	6	3	2	5	8
9	2	5	4	8	1	7	3	6
6	8	3	5	7	2	9	4	1
1	5	4	7	3	8	6	9	2
3	7	6	1	2	9	5	8	4
2	9	8	6	5	4	1	7	3
8	6	1	3	9	5	4	2	7
5	4	2	8	1	7	3	6	9
7	3	9	2	4	6	8	1	5

60

1	2	9	7	4	6	5	8	3
4	7	6	5	8	3	9	2	1
5	8	3	1	9	2	4	7	6
6	3	7	4	1	9	8	5	2
9	1	4	2	5	8	6	3	7
8	5	2	3	6	7	1	4	9
3	6	5	8	7	1	2	9	4
2	4	1	9	3	5	7	6	8
7	9	8	6	2	4	3	1	5

61

5	4	2	7	6	8	3	9	1
3	8	7	9	1	2	5	6	4
6	9	1	3	4	5	8	7	2
9	7	5	4	2	6	1	8	3
1	3	4	8	5	7	9	2	6
8	2	6	1	9	3	4	5	7
4	6	8	5	7	1	2	3	9
7	5	9	2	3	4	6	1	8
2	1	3	6	8	9	7	4	5

62

5	8	6	2	7	4	1	9	3
9	4	7	5	3	1	6	8	2
3	2	1	8	9	6	5	4	7
2	1	9	3	5	8	7	6	4
4	7	8	6	2	9	3	5	1
6	5	3	4	1	7	8	2	9
1	9	4	7	6	5	2	3	8
7	3	5	9	8	2	4	1	6
8	6	2	1	4	3	9	7	5

63

8	3	2	5	1	9	4	7	6
7	4	9	6	3	2	5	1	8
6	1	5	8	4	7	3	9	2
4	5	7	1	8	6	9	2	3
1	9	8	2	7	3	6	4	5
2	6	3	9	5	4	1	8	7
9	8	1	7	6	5	2	3	4
3	7	6	4	2	1	8	5	9
5	2	4	3	9	8	7	6	1

64

1	3	6	4	7	8	2	5	9
8	7	9	1	5	2	4	6	3
5	4	2	9	6	3	7	8	1
2	5	7	3	4	6	1	9	8
4	8	1	2	9	5	6	3	7
6	9	3	8	1	7	5	2	4
9	2	5	7	3	1	8	4	6
3	1	8	6	2	4	9	7	5
7	6	4	5	8	9	3	1	2

65

2	9	5	8	1	3	6	4	7
8	6	7	4	5	9	3	2	1
3	1	4	2	7	6	9	5	8
5	2	1	6	8	7	4	9	3
7	3	6	9	4	5	1	8	2
4	8	9	3	2	1	5	7	6
6	5	3	7	9	2	8	1	4
1	7	8	5	3	4	2	6	9
9	4	2	1	6	8	7	3	5

66

4	7	5	2	6	3	8	1	9
8	6	2	1	9	4	3	5	7
1	9	3	5	8	7	4	2	6
7	5	8	6	4	1	2	9	3
6	3	9	8	7	2	1	4	5
2	1	4	3	5	9	7	6	8
5	8	1	7	2	6	9	3	4
3	4	7	9	1	5	6	8	2
9	2	6	4	3	8	5	7	1

67

7	2	5	9	6	8	1	4	3
9	6	4	1	7	3	8	5	2
8	3	1	5	2	4	7	6	9
1	9	2	4	3	7	6	8	5
5	7	3	8	1	6	2	9	4
4	8	6	2	5	9	3	1	7
3	1	9	6	4	2	5	7	8
6	4	7	3	8	5	9	2	1
2	5	8	7	9	1	4	3	6

68

4	5	7	2	1	3	8	9	6
3	1	8	9	6	7	5	4	2
2	9	6	8	4	5	7	3	1
5	7	1	6	2	4	9	8	3
9	3	4	1	7	8	6	2	5
6	8	2	3	5	9	1	7	4
1	6	9	7	3	2	4	5	8
8	2	5	4	9	6	3	1	7
7	4	3	5	8	1	2	6	9

SOLUTIONS

69

1	4	3	9	7	5	8	6	2
9	8	2	6	1	3	4	7	5
6	7	5	8	2	4	9	1	3
2	9	7	1	6	8	3	5	4
5	3	8	4	9	7	6	2	1
4	1	6	5	3	2	7	9	8
7	5	1	3	8	9	2	4	6
3	2	4	7	5	6	1	8	9
8	6	9	2	4	1	5	3	7

70

2	8	6	4	7	3	9	5	1
7	1	5	6	9	8	2	3	4
3	4	9	1	2	5	7	6	8
9	7	8	5	4	1	3	2	6
6	2	1	8	3	9	5	4	7
4	5	3	7	6	2	8	1	9
1	3	7	2	8	4	6	9	5
5	6	2	9	1	7	4	8	3
8	9	4	3	5	6	1	7	2

71

6	7	5	8	1	3	2	4	9
9	3	4	7	6	2	5	1	8
8	1	2	5	4	9	3	6	7
7	8	1	9	3	6	4	2	5
3	5	9	2	8	4	6	7	1
2	4	6	1	5	7	9	8	3
5	2	3	4	7	1	8	9	6
4	6	7	3	9	8	1	5	2
1	9	8	6	2	5	7	3	4

72

5	6	1	9	3	2	7	8	4
3	2	8	7	5	4	6	9	1
9	4	7	6	1	8	2	3	5
2	7	9	3	8	1	5	4	6
1	8	3	5	4	6	9	7	2
6	5	4	2	9	7	8	1	3
4	1	2	8	7	5	3	6	9
7	9	5	4	6	3	1	2	8
8	3	6	1	2	9	4	5	7

73

2	7	8	3	5	1	4	9	6
1	9	4	7	8	6	5	3	2
3	5	6	4	2	9	1	8	7
4	6	5	9	3	2	8	7	1
8	2	3	1	6	7	9	5	4
9	1	7	8	4	5	2	6	3
7	3	1	2	9	8	6	4	5
5	4	9	6	1	3	7	2	8
6	8	2	5	7	4	3	1	9

74

1	5	9	3	7	2	6	4	8
4	8	7	9	5	6	1	3	2
3	2	6	8	1	4	5	9	7
9	4	5	2	8	3	7	6	1
7	6	8	4	9	1	3	2	5
2	1	3	5	6	7	4	8	9
6	7	4	1	2	9	8	5	3
8	3	2	7	4	5	9	1	6
5	9	1	6	3	8	2	7	4

75

5	2	4	6	8	9	3	1	7
6	1	9	5	3	7	8	4	2
8	3	7	1	2	4	6	9	5
7	8	1	4	9	6	5	2	3
9	6	3	2	1	5	7	8	4
4	5	2	3	7	8	9	6	1
2	7	6	9	5	1	4	3	8
3	4	8	7	6	2	1	5	9
1	9	5	8	4	3	2	7	6

76

2	6	8	7	9	1	4	3	5
7	9	3	2	4	5	8	6	1
1	5	4	8	6	3	7	9	2
5	8	9	6	2	4	3	1	7
4	3	1	5	8	7	9	2	6
6	2	7	1	3	9	5	4	8
9	1	5	3	7	2	6	8	4
3	7	6	4	1	8	2	5	9
8	4	2	9	5	6	1	7	3

SOLUTIONS

77

8	9	7	3	4	6	1	2	5
6	1	4	8	2	5	7	9	3
2	5	3	7	1	9	6	8	4
3	7	8	5	6	2	9	4	1
4	2	9	1	7	8	3	5	6
5	6	1	9	3	4	8	7	2
9	8	2	6	5	1	4	3	7
7	4	6	2	8	3	5	1	9
1	3	5	4	9	7	2	6	8

78

4	1	7	9	8	5	2	6	3
9	8	3	7	2	6	4	5	1
5	2	6	4	3	1	7	9	8
1	3	9	6	5	2	8	7	4
8	7	4	1	9	3	6	2	5
6	5	2	8	7	4	3	1	9
7	4	1	5	6	8	9	3	2
3	9	5	2	4	7	1	8	6
2	6	8	3	1	9	5	4	7

79

9	5	1	7	3	2	4	8	6
4	2	6	5	1	8	9	3	7
8	3	7	4	6	9	2	1	5
3	6	8	1	9	4	5	7	2
2	4	9	8	5	7	1	6	3
1	7	5	6	2	3	8	4	9
5	9	4	3	7	1	6	2	8
7	8	2	9	4	6	3	5	1
6	1	3	2	8	5	7	9	4

80

5	2	6	7	4	9	8	3	1
7	4	8	3	1	2	9	6	5
1	3	9	6	5	8	7	2	4
2	7	1	9	8	3	4	5	6
6	8	4	5	2	7	1	9	3
9	5	3	1	6	4	2	7	8
4	9	2	8	3	5	6	1	7
8	1	5	2	7	6	3	4	9
3	6	7	4	9	1	5	8	2

答案

81

3	6	5	1	2	7	4	8	9
9	2	8	6	4	3	1	5	7
4	7	1	5	8	9	6	2	3
6	5	2	9	1	4	3	7	8
7	3	4	8	5	2	9	1	6
1	8	9	7	3	6	5	4	2
2	1	7	3	6	5	8	9	4
5	4	6	2	9	8	7	3	1
8	9	3	4	7	1	2	6	5

82

1	4	2	5	6	7	8	9	3
5	7	8	3	2	9	6	4	1
3	6	9	8	1	4	5	7	2
8	5	4	7	3	6	1	2	9
9	1	6	4	5	2	7	3	8
2	3	7	9	8	1	4	5	6
4	8	1	2	9	5	3	6	7
7	9	3	6	4	8	2	1	5
6	2	5	1	7	3	9	8	4

83

7	5	9	3	2	8	1	6	4
3	8	4	5	1	6	9	2	7
6	1	2	7	9	4	5	8	3
4	3	6	2	7	5	8	1	9
5	9	1	6	8	3	4	7	2
8	2	7	9	4	1	3	5	6
1	4	3	8	6	2	7	9	5
9	6	8	4	5	7	2	3	1
2	7	5	1	3	9	6	4	8

84

5	8	9	2	3	4	7	1	6
6	1	4	7	5	9	2	8	3
2	3	7	1	6	8	9	4	5
7	4	5	8	2	6	3	9	1
8	2	6	3	9	1	4	5	7
3	9	1	4	7	5	8	6	2
4	6	2	9	1	7	5	3	8
1	7	8	5	4	3	6	2	9
9	5	3	6	8	2	1	7	4

SOLUTIONS

85

2	7	5	8	6	3	1	4	9
6	4	9	7	1	5	3	8	2
3	1	8	9	2	4	6	7	5
4	9	6	1	7	2	8	5	3
1	8	7	3	5	9	2	6	4
5	3	2	6	4	8	9	1	7
8	5	4	2	9	1	7	3	6
9	6	3	5	8	7	4	2	1
7	2	1	4	3	6	5	9	8

86

1	5	6	9	7	4	2	8	3
4	2	9	8	3	5	6	1	7
3	8	7	1	2	6	4	5	9
5	3	2	4	8	1	7	9	6
9	7	8	2	6	3	5	4	1
6	4	1	7	5	9	3	2	8
7	9	5	3	1	2	8	6	4
8	6	4	5	9	7	1	3	2
2	1	3	6	4	8	9	7	5

87

1	5	4	6	3	8	7	2	9
7	3	2	5	9	4	8	6	1
8	6	9	7	1	2	4	5	3
6	4	7	3	5	9	1	8	2
9	8	1	2	6	7	5	3	4
5	2	3	4	8	1	9	7	6
3	1	5	9	7	6	2	4	8
4	7	8	1	2	3	6	9	5
2	9	6	8	4	5	3	1	7

88

6	5	2	3	4	9	7	8	1
7	1	9	6	5	8	4	3	2
4	8	3	2	1	7	6	9	5
5	2	1	7	8	6	9	4	3
9	7	6	4	3	2	1	5	8
3	4	8	1	9	5	2	7	6
1	3	7	5	2	4	8	6	9
2	9	4	8	6	3	5	1	7
8	6	5	9	7	1	3	2	4

答案

89

9	4	8	6	5	3	2	1	7
3	7	5	4	2	1	9	6	8
6	2	1	9	8	7	5	4	3
1	8	2	7	6	5	4	3	9
5	6	3	2	9	4	7	8	1
7	9	4	1	3	8	6	2	5
8	1	7	5	4	2	3	9	6
2	3	9	8	7	6	1	5	4
4	5	6	3	1	9	8	7	2

90

3	5	7	1	4	9	6	2	8
6	8	4	2	7	3	9	5	1
2	1	9	5	8	6	7	3	4
5	4	2	6	9	7	1	8	3
1	9	8	3	5	2	4	7	6
7	3	6	8	1	4	5	9	2
8	2	5	7	6	1	3	4	9
9	6	3	4	2	5	8	1	7
4	7	1	9	3	8	2	6	5

91

2	3	1	7	4	8	9	6	5
4	8	9	5	3	6	7	1	2
7	6	5	2	9	1	8	3	4
6	7	2	8	1	4	3	5	9
3	1	4	9	2	5	6	8	7
5	9	8	6	7	3	2	4	1
1	5	7	3	6	2	4	9	8
8	2	3	4	5	9	1	7	6
9	4	6	1	8	7	5	2	3

92

2	9	1	3	7	6	5	8	4
8	5	3	1	4	9	7	2	6
7	4	6	5	8	2	1	3	9
4	1	2	8	9	7	3	6	5
5	3	9	6	1	4	8	7	2
6	7	8	2	3	5	9	4	1
9	2	5	7	6	8	4	1	3
1	6	7	4	5	3	2	9	8
3	8	4	9	2	1	6	5	7

SOLUTIONS

93

8	9	2	5	4	1	6	3	7
1	4	3	6	9	7	2	5	8
6	5	7	3	8	2	4	1	9
9	3	5	4	7	6	1	8	2
7	8	4	2	1	5	9	6	3
2	6	1	8	3	9	7	4	5
3	2	9	1	5	4	8	7	6
4	7	8	9	6	3	5	2	1
5	1	6	7	2	8	3	9	4

94

8	3	9	5	1	2	7	4	6
6	7	5	3	8	4	2	1	9
4	1	2	7	9	6	8	5	3
2	4	6	1	5	3	9	7	8
3	5	7	9	4	8	1	6	2
9	8	1	6	2	7	5	3	4
7	9	4	8	6	1	3	2	5
1	6	8	2	3	5	4	9	7
5	2	3	4	7	9	6	8	1

95

5	2	1	4	3	6	9	8	7
7	4	9	8	5	1	3	2	6
8	3	6	7	2	9	5	1	4
3	7	4	5	9	2	8	6	1
9	1	2	6	8	3	7	4	5
6	5	8	1	7	4	2	9	3
1	8	3	9	4	5	6	7	2
2	6	7	3	1	8	4	5	9
4	9	5	2	6	7	1	3	8

96

5	9	1	3	8	6	2	4	7
7	8	6	2	5	4	1	9	3
4	3	2	1	9	7	8	6	5
3	4	5	9	2	1	6	7	8
6	2	9	8	7	3	4	5	1
1	7	8	4	6	5	9	3	2
9	6	3	5	1	8	7	2	4
8	5	7	6	4	2	3	1	9
2	1	4	7	3	9	5	8	6

97

6	4	9	3	7	2	8	5	1
2	1	7	9	8	5	4	3	6
8	5	3	6	4	1	2	7	9
3	2	5	7	6	4	9	1	8
9	8	4	2	1	3	5	6	7
7	6	1	8	5	9	3	2	4
4	3	6	1	2	8	7	9	5
5	7	2	4	9	6	1	8	3
1	9	8	5	3	7	6	4	2

98

9	8	3	2	5	7	6	4	1
7	4	6	1	8	3	2	5	9
1	2	5	6	4	9	7	3	8
3	9	8	7	1	2	5	6	4
2	7	1	4	6	5	9	8	3
5	6	4	3	9	8	1	2	7
4	1	7	8	2	6	3	9	5
6	3	9	5	7	4	8	1	2
8	5	2	9	3	1	4	7	6

99

1	4	9	7	2	6	5	3	8
6	5	7	4	8	3	2	9	1
8	2	3	5	1	9	6	4	7
7	1	8	9	5	4	3	6	2
4	3	5	2	6	8	1	7	9
2	9	6	3	7	1	8	5	4
3	6	1	8	4	7	9	2	5
5	8	4	6	9	2	7	1	3
9	7	2	1	3	5	4	8	6

100

3	8	1	5	6	9	7	2	4
5	2	6	8	4	7	9	3	1
7	4	9	3	1	2	6	5	8
2	7	5	6	9	1	4	8	3
1	6	3	7	8	4	5	9	2
8	9	4	2	3	5	1	7	6
9	5	8	4	2	6	3	1	7
4	3	7	1	5	8	2	6	9
6	1	2	9	7	3	8	4	5

101

5	6	4	7	1	9	8	2	3
2	1	3	6	8	4	9	7	5
7	9	8	2	5	3	4	1	6
1	7	5	8	9	2	6	3	4
8	4	2	3	7	6	1	5	9
6	3	9	1	4	5	7	8	2
9	5	7	4	2	1	3	6	8
4	8	6	5	3	7	2	9	1
3	2	1	9	6	8	5	4	7

102

5	4	1	6	9	8	3	2	7
2	6	8	5	7	3	4	9	1
9	7	3	4	1	2	5	6	8
7	8	4	2	3	6	9	1	5
6	3	9	7	5	1	8	4	2
1	2	5	8	4	9	7	3	6
4	9	2	1	8	7	6	5	3
8	5	6	3	2	4	1	7	9
3	1	7	9	6	5	2	8	4

103

1	7	9	2	8	5	3	6	4
4	5	8	6	3	1	9	2	7
6	3	2	9	7	4	8	5	1
9	6	3	8	4	2	1	7	5
2	4	5	1	9	7	6	8	3
8	1	7	5	6	3	2	4	9
7	2	4	3	1	8	5	9	6
5	9	1	4	2	6	7	3	8
3	8	6	7	5	9	4	1	2

104

4	8	1	6	3	5	9	2	7
5	7	2	8	4	9	6	3	1
6	3	9	7	1	2	8	4	5
8	4	7	9	5	6	2	1	3
1	2	3	4	8	7	5	9	6
9	6	5	1	2	3	7	8	4
2	9	4	5	7	1	3	6	8
7	1	6	3	9	8	4	5	2
3	5	8	2	6	4	1	7	9

105

8	1	4	6	5	2	7	9	3
3	9	5	7	4	8	1	2	6
7	2	6	1	9	3	4	5	8
6	5	1	8	2	9	3	7	4
9	7	8	4	3	1	5	6	2
4	3	2	5	7	6	9	8	1
2	6	7	9	1	4	8	3	5
5	4	3	2	8	7	6	1	9
1	8	9	3	6	5	2	4	7

106

4	9	8	7	5	2	6	3	1
2	6	5	1	3	8	9	4	7
1	3	7	9	6	4	2	8	5
7	8	4	6	9	1	3	5	2
5	2	6	4	8	3	1	7	9
3	1	9	5	2	7	4	6	8
8	4	1	2	7	6	5	9	3
6	5	3	8	1	9	7	2	4
9	7	2	3	4	5	8	1	6

107

6	9	1	4	3	2	7	5	8
8	5	3	9	7	6	2	1	4
4	2	7	1	8	5	6	9	3
3	7	8	2	1	9	4	6	5
9	4	2	5	6	7	8	3	1
5	1	6	3	4	8	9	2	7
1	3	9	7	2	4	5	8	6
7	6	5	8	9	1	3	4	2
2	8	4	6	5	3	1	7	9

108

4	9	3	2	1	7	5	6	8
6	1	8	9	3	5	7	2	4
7	2	5	8	6	4	1	3	9
2	7	6	1	4	3	8	9	5
3	5	1	7	8	9	2	4	6
8	4	9	6	5	2	3	7	1
1	8	7	3	9	6	4	5	2
5	6	2	4	7	1	9	8	3
9	3	4	5	2	8	6	1	7

SOLUTIONS

109

8	7	5	1	2	3	9	4	6
2	3	6	9	4	8	1	7	5
4	1	9	5	6	7	8	3	2
5	6	7	4	8	9	2	1	3
3	2	8	6	7	1	5	9	4
9	4	1	2	3	5	7	6	8
1	8	2	3	9	4	6	5	7
6	5	3	7	1	2	4	8	9
7	9	4	8	5	6	3	2	1

110

9	5	2	8	7	4	6	3	1
6	1	8	3	5	2	4	9	7
3	4	7	9	1	6	8	2	5
4	8	3	7	9	1	2	5	6
1	7	9	2	6	5	3	8	4
5	2	6	4	8	3	7	1	9
2	6	5	1	4	8	9	7	3
8	9	1	6	3	7	5	4	2
7	3	4	5	2	9	1	6	8

111

8	7	3	6	9	2	5	4	1
6	2	9	1	4	5	8	7	3
4	1	5	7	8	3	6	2	9
3	6	8	9	5	7	2	1	4
5	4	1	2	3	6	7	9	8
2	9	7	8	1	4	3	6	5
9	8	2	3	7	1	4	5	6
1	5	6	4	2	8	9	3	7
7	3	4	5	6	9	1	8	2

112

6	9	4	5	1	7	3	2	8
2	5	8	3	6	4	9	7	1
7	1	3	2	8	9	5	6	4
5	4	1	6	2	8	7	9	3
9	2	6	7	4	3	8	1	5
8	3	7	1	9	5	6	4	2
3	6	5	4	7	1	2	8	9
1	7	9	8	5	2	4	3	6
4	8	2	9	3	6	1	5	7

答案

113

9	1	3	5	2	4	8	7	6
2	7	8	9	6	3	1	5	4
5	6	4	8	1	7	3	9	2
6	4	9	7	8	1	2	3	5
8	2	5	4	3	9	7	6	1
7	3	1	2	5	6	4	8	9
3	8	2	1	9	5	6	4	7
4	5	6	3	7	2	9	1	8
1	9	7	6	4	8	5	2	3

114

4	6	5	7	2	3	1	9	8
8	9	1	4	6	5	2	7	3
7	3	2	9	8	1	5	4	6
1	5	3	6	9	4	8	2	7
2	8	9	3	1	7	6	5	4
6	4	7	8	5	2	9	3	1
9	2	4	1	3	6	7	8	5
3	1	8	5	7	9	4	6	2
5	7	6	2	4	8	3	1	9

115

7	4	8	5	9	2	1	6	3
6	2	5	1	4	3	7	9	8
1	3	9	6	7	8	4	2	5
3	5	1	4	2	9	8	7	6
8	9	4	3	6	7	2	5	1
2	6	7	8	1	5	9	3	4
4	8	2	7	3	6	5	1	9
9	1	6	2	5	4	3	8	7
5	7	3	9	8	1	6	4	2

116

9	4	7	3	1	6	8	5	2
8	2	5	4	9	7	3	6	1
6	1	3	2	8	5	7	4	9
1	6	2	7	4	3	9	8	5
7	5	8	9	2	1	6	3	4
3	9	4	6	5	8	1	2	7
4	7	6	5	3	9	2	1	8
5	8	9	1	6	2	4	7	3
2	3	1	8	7	4	5	9	6

SOLUTIONS

117

2	7	4	8	3	6	9	5	1
8	3	1	9	4	5	6	7	2
6	5	9	1	2	7	3	8	4
5	4	8	6	1	2	7	3	9
7	6	3	5	9	4	2	1	8
1	9	2	7	8	3	5	4	6
9	8	7	2	5	1	4	6	3
3	1	5	4	6	9	8	2	7
4	2	6	3	7	8	1	9	5

118

7	1	4	2	9	6	3	8	5
2	8	5	4	3	7	6	1	9
3	6	9	5	1	8	4	7	2
5	9	3	1	8	2	7	4	6
1	4	7	3	6	9	2	5	8
8	2	6	7	4	5	9	3	1
9	7	8	6	5	3	1	2	4
6	3	1	8	2	4	5	9	7
4	5	2	9	7	1	8	6	3

119

4	7	6	2	5	8	3	9	1
2	9	1	6	4	3	7	5	8
8	5	3	7	9	1	4	2	6
3	8	4	9	7	2	1	6	5
7	2	5	4	1	6	8	3	9
6	1	9	8	3	5	2	7	4
1	4	7	3	6	9	5	8	2
9	3	8	5	2	4	6	1	7
5	6	2	1	8	7	9	4	3

120

7	1	3	9	2	4	5	8	6
2	5	6	1	8	7	4	3	9
8	9	4	5	6	3	7	1	2
3	2	5	4	1	6	8	9	7
4	6	7	8	5	9	1	2	3
1	8	9	3	7	2	6	5	4
6	7	1	2	9	8	3	4	5
9	3	8	6	4	5	2	7	1
5	4	2	7	3	1	9	6	8

121

5	1	6	2	4	9	7	8	3
7	2	8	3	5	6	1	9	4
4	9	3	1	8	7	5	6	2
9	8	7	4	1	3	6	2	5
2	3	4	8	6	5	9	1	7
1	6	5	9	7	2	3	4	8
3	4	9	5	2	1	8	7	6
8	7	1	6	3	4	2	5	9
6	5	2	7	9	8	4	3	1

122

5	4	7	2	8	6	9	1	3
8	9	1	3	4	7	6	2	5
2	6	3	1	9	5	7	4	8
7	3	2	8	1	9	5	6	4
6	5	8	7	2	4	3	9	1
9	1	4	5	6	3	2	8	7
4	2	5	6	3	8	1	7	9
3	8	6	9	7	1	4	5	2
1	7	9	4	5	2	8	3	6

123

8	9	3	6	1	2	7	4	5
1	2	4	5	8	7	6	3	9
7	6	5	3	4	9	2	1	8
9	5	6	7	3	1	8	2	4
4	7	2	8	6	5	1	9	3
3	1	8	2	9	4	5	7	6
6	8	7	4	2	3	9	5	1
2	4	1	9	5	8	3	6	7
5	3	9	1	7	6	4	8	2

124

6	3	1	5	4	9	2	8	7
9	4	5	7	2	8	6	1	3
8	7	2	3	1	6	4	9	5
1	8	7	2	9	5	3	6	4
2	9	4	6	3	1	7	5	8
5	6	3	4	8	7	9	2	1
7	2	8	9	5	4	1	3	6
4	1	9	8	6	3	5	7	2
3	5	6	1	7	2	8	4	9

125

8	5	1	4	6	3	7	9	2
6	4	3	2	7	9	5	1	8
7	9	2	8	5	1	4	6	3
4	3	7	9	1	8	2	5	6
1	6	8	5	2	7	9	3	4
5	2	9	6	3	4	1	8	7
3	7	6	1	9	2	8	4	5
2	1	4	3	8	5	6	7	9
9	8	5	7	4	6	3	2	1

126

9	7	3	4	2	5	6	1	8
1	2	6	7	8	3	5	4	9
8	5	4	6	1	9	2	3	7
7	3	5	2	4	8	9	6	1
4	1	2	9	7	6	8	5	3
6	8	9	3	5	1	7	2	4
2	9	7	1	6	4	3	8	5
3	4	8	5	9	2	1	7	6
5	6	1	8	3	7	4	9	2

127

3	7	8	6	1	2	5	4	9
5	2	4	3	9	7	6	1	8
9	6	1	5	4	8	3	2	7
8	5	3	4	2	6	9	7	1
7	9	2	1	3	5	4	8	6
4	1	6	7	8	9	2	5	3
2	4	7	9	6	1	8	3	5
6	3	5	8	7	4	1	9	2
1	8	9	2	5	3	7	6	4

128

2	9	6	5	1	3	7	8	4
3	7	5	4	9	8	1	6	2
1	4	8	6	7	2	9	3	5
7	1	4	8	3	5	2	9	6
9	8	2	1	6	4	3	5	7
5	6	3	7	2	9	8	4	1
6	5	7	9	8	1	4	2	3
8	3	1	2	4	6	5	7	9
4	2	9	3	5	7	6	1	8

129

8	5	3	4	6	7	1	9	2
2	9	1	3	8	5	4	6	7
4	6	7	9	1	2	5	3	8
7	3	6	5	4	9	8	2	1
1	4	9	2	7	8	6	5	3
5	2	8	6	3	1	7	4	9
9	7	4	1	2	6	3	8	5
6	8	2	7	5	3	9	1	4
3	1	5	8	9	4	2	7	6

130

5	2	1	6	4	9	3	8	7
3	6	7	1	8	2	9	4	5
4	8	9	3	5	7	6	1	2
1	7	4	5	9	6	8	2	3
2	9	3	8	7	1	5	6	4
6	5	8	2	3	4	7	9	1
9	3	2	4	6	5	1	7	8
7	1	5	9	2	8	4	3	6
8	4	6	7	1	3	2	5	9

131

3	6	9	5	4	1	2	7	8
4	2	1	8	7	6	5	9	3
8	5	7	3	2	9	1	4	6
5	3	2	7	1	8	4	6	9
9	4	8	6	5	2	3	1	7
1	7	6	4	9	3	8	2	5
7	8	5	2	6	4	9	3	1
2	9	3	1	8	7	6	5	4
6	1	4	9	3	5	7	8	2

132

2	6	9	8	7	5	1	3	4
8	7	3	6	4	1	2	9	5
4	1	5	9	2	3	6	7	8
7	9	8	1	5	2	4	6	3
5	2	6	4	3	8	7	1	9
3	4	1	7	6	9	8	5	2
6	5	4	2	9	7	3	8	1
9	8	2	3	1	6	5	4	7
1	3	7	5	8	4	9	2	6

SOLUTIONS

133

2	3	6	4	5	1	8	9	7
5	1	7	9	6	8	4	3	2
4	9	8	7	2	3	6	5	1
3	6	4	2	1	9	5	7	8
9	8	5	3	7	4	2	1	6
1	7	2	6	8	5	3	4	9
8	2	1	5	3	7	9	6	4
6	5	9	1	4	2	7	8	3
7	4	3	8	9	6	1	2	5

134

2	4	5	3	6	9	7	1	8
8	6	1	5	7	4	9	3	2
3	9	7	1	2	8	6	4	5
9	7	8	4	3	5	1	2	6
5	3	2	8	1	6	4	7	9
4	1	6	7	9	2	5	8	3
1	5	9	2	8	7	3	6	4
7	2	4	6	5	3	8	9	1
6	8	3	9	4	1	2	5	7

135

7	6	8	1	4	5	2	9	3
4	1	3	7	2	9	6	5	8
9	2	5	6	3	8	4	1	7
5	4	6	3	9	1	7	8	2
3	8	1	2	7	4	5	6	9
2	7	9	8	5	6	3	4	1
1	9	7	5	6	3	8	2	4
8	5	2	4	1	7	9	3	6
6	3	4	9	8	2	1	7	5

136

3	8	2	1	6	9	4	7	5
4	6	5	7	3	2	8	1	9
1	9	7	4	5	8	6	3	2
9	4	1	3	8	6	2	5	7
2	7	6	5	4	1	3	9	8
8	5	3	9	2	7	1	6	4
6	3	8	2	7	5	9	4	1
5	1	4	8	9	3	7	2	6
7	2	9	6	1	4	5	8	3

137

2	3	9	4	6	5	1	7	8
6	7	1	2	3	8	9	5	4
5	4	8	9	1	7	6	3	2
3	1	6	7	5	4	8	2	9
4	2	7	3	8	9	5	1	6
8	9	5	6	2	1	3	4	7
9	8	2	1	7	3	4	6	5
1	6	4	5	9	2	7	8	3
7	5	3	8	4	6	2	9	1

138

9	8	2	5	3	4	6	7	1
6	5	3	2	7	1	8	4	9
4	7	1	6	9	8	2	3	5
8	6	7	1	2	3	9	5	4
3	9	4	8	5	6	1	2	7
1	2	5	7	4	9	3	8	6
7	1	8	3	6	5	4	9	2
2	3	9	4	1	7	5	6	8
5	4	6	9	8	2	7	1	3

139

2	7	9	1	5	4	3	8	6
3	5	1	7	8	6	2	9	4
4	6	8	9	2	3	5	1	7
6	9	5	3	1	2	7	4	8
1	2	7	4	6	8	9	3	5
8	4	3	5	9	7	1	6	2
5	8	6	2	3	1	4	7	9
7	1	2	6	4	9	8	5	3
9	3	4	8	7	5	6	2	1

140

4	6	2	3	9	7	5	8	1
5	9	1	2	6	8	4	3	7
3	8	7	4	5	1	9	6	2
8	4	5	7	3	6	2	1	9
1	3	6	9	2	5	7	4	8
7	2	9	8	1	4	6	5	3
6	7	3	1	4	9	8	2	5
2	5	8	6	7	3	1	9	4
9	1	4	5	8	2	3	7	6

SOLUTIONS

141

1	6	8	3	4	2	7	5	9
4	5	7	1	9	6	3	2	8
9	3	2	7	5	8	1	4	6
5	9	6	8	2	1	4	7	3
7	1	4	5	6	3	8	9	2
2	8	3	4	7	9	5	6	1
6	4	1	2	3	7	9	8	5
8	2	5	9	1	4	6	3	7
3	7	9	6	8	5	2	1	4

142

5	1	3	9	6	4	2	8	7
8	2	9	5	7	3	6	4	1
7	4	6	2	1	8	3	9	5
3	7	2	4	8	1	9	5	6
9	8	1	6	5	2	4	7	3
4	3	5	7	9	6	8	1	2
1	6	4	8	3	7	5	2	9
2	5	7	3	4	9	1	6	8
6	9	8	1	2	5	7	3	4

143

7	9	8	2	6	4	1	5	3
4	3	9	5	7	2	6	1	8
6	2	7	8	1	5	4	3	9
3	1	5	9	4	8	2	6	7
2	8	6	3	9	1	5	7	4
8	5	1	7	2	9	3	4	6
1	4	2	6	3	7	8	9	5
5	7	3	4	8	6	9	2	1
9	6	4	1	5	3	7	8	2

144

8	3	6	5	4	7	1	2	9
4	6	1	7	9	5	2	3	8
5	2	3	9	8	1	6	7	4
2	1	8	4	7	9	3	5	6
9	7	5	3	2	4	8	6	1
3	9	7	1	5	6	4	8	2
6	4	9	8	3	2	5	1	7
7	5	2	6	1	8	9	4	3
1	8	4	2	6	3	7	9	5

答案

145

3	6	7	4	1	8	9	5	2
5	8	6	7	4	2	1	9	3
9	2	3	8	5	4	7	6	1
1	3	4	2	9	6	8	7	5
6	5	2	1	7	9	3	8	4
7	4	8	3	6	1	5	2	9
8	9	5	6	2	3	4	1	7
2	1	9	5	3	7	6	4	8
4	7	1	9	8	5	2	3	6

146

1	6	5	9	3	8	7	2	4
6	8	2	4	7	5	3	9	1
2	3	4	5	1	9	6	8	7
9	4	8	1	6	7	2	5	3
8	1	7	6	5	3	9	4	2
7	5	9	3	8	2	4	1	6
3	9	6	2	4	1	5	7	8
5	7	3	8	2	4	1	6	9
4	2	1	7	9	6	8	3	5

147

7	9	4	1	2	5	6	3	8
6	8	2	5	3	9	4	7	1
5	2	8	9	6	4	7	1	3
1	4	3	8	5	7	2	9	6
3	6	5	7	1	2	8	4	9
8	1	7	3	4	6	9	5	2
2	7	6	4	9	1	3	8	5
9	3	1	6	7	8	5	2	4
4	5	9	2	8	3	1	6	7

148

2	5	6	8	7	1	3	9	4
9	1	4	3	2	8	5	7	6
4	6	8	5	9	7	1	2	3
8	7	3	2	1	6	4	5	9
5	9	1	7	3	2	6	4	8
7	8	9	6	4	3	2	1	5
1	3	2	4	6	5	9	8	7
6	4	5	1	8	9	7	3	2
3	2	7	9	5	4	8	6	1

SOLUTIONS

149

1	8	9	3	6	2	7	5	4
5	7	4	8	1	9	3	2	6
4	5	1	9	7	3	8	6	2
2	6	3	7	5	4	1	8	9
7	3	6	5	2	1	9	4	8
8	2	5	6	9	7	4	3	1
9	4	2	1	8	6	5	7	3
6	1	8	4	3	5	2	9	7
3	9	7	2	4	8	6	1	5

150

8	7	1	6	3	4	5	2	9
4	9	2	7	6	5	8	3	1
9	8	6	2	5	3	1	7	4
6	3	9	8	1	2	4	5	7
2	5	4	1	8	7	6	9	3
1	2	5	3	7	8	9	4	6
5	1	7	4	9	6	3	8	2
3	4	8	9	2	1	7	6	5
7	6	3	5	4	9	2	1	8

151

2	8	5	4	6	3	9	1	7
7	6	9	3	1	2	8	4	5
9	5	1	7	2	8	4	3	6
4	1	8	6	3	9	7	5	2
3	9	2	5	7	1	6	8	4
8	7	6	1	5	4	2	9	3
1	3	4	2	8	7	5	6	9
5	2	3	9	4	6	1	7	8
6	4	7	8	9	5	3	2	1

152

7	4	1	6	9	5	8	2	3
6	9	2	3	1	8	7	4	5
8	3	5	7	4	2	6	1	9
3	1	9	4	6	7	2	5	8
4	5	6	8	2	9	1	3	7
2	8	7	5	3	1	4	9	6
1	2	8	9	7	3	5	6	4
5	6	3	1	8	4	9	7	2
9	7	4	2	5	6	3	8	1

答案

153

8	2	5	9	4	7	1	3	6
7	4	3	1	6	2	8	5	9
1	9	6	8	3	5	4	7	2
2	7	9	4	5	8	3	6	1
3	8	1	7	9	6	5	2	4
5	6	4	2	1	3	9	8	7
9	5	7	3	2	4	6	1	8
6	1	2	5	8	9	7	4	3
4	3	8	6	7	1	2	9	5

154

9	8	6	5	7	3	1	4	2
1	5	3	2	9	4	7	8	6
4	7	2	1	8	6	9	3	5
5	9	1	6	2	8	4	7	3
3	2	4	7	5	9	6	1	8
7	6	8	4	3	1	5	2	9
6	4	5	8	1	2	3	9	7
2	3	7	9	4	5	8	6	1
8	1	9	3	6	7	2	5	4

155

1	8	7	4	3	5	2	9	6
4	5	9	6	2	7	1	3	8
2	3	6	1	9	8	7	5	4
5	6	4	9	1	2	3	8	7
9	7	1	8	5	3	6	4	2
8	2	3	7	4	6	5	1	9
7	4	5	2	8	1	9	6	3
3	9	2	5	6	4	8	7	1
6	1	8	3	7	9	4	2	5

156

1	6	7	4	2	9	5	3	8
9	4	8	3	5	7	6	2	1
3	5	2	6	8	1	4	7	9
6	1	4	2	9	8	3	5	7
8	3	5	1	7	6	2	9	4
7	2	9	5	3	4	1	8	6
5	7	1	9	4	3	8	6	2
2	9	6	8	1	5	7	4	3
4	8	3	7	6	2	9	1	5

SOLUTIONS

157

9	3	7	5	2	8	6	1	4
8	5	6	4	7	1	2	9	3
2	4	1	3	6	9	7	5	8
4	9	3	6	5	7	8	2	1
6	7	2	8	1	3	5	4	9
5	1	8	9	4	2	3	6	7
3	8	5	2	9	4	1	7	6
1	2	4	7	8	6	9	3	5
7	6	9	1	3	5	4	8	2

158

6	5	9	3	7	4	1	2	8
4	7	8	1	9	2	6	3	5
2	1	3	8	6	5	4	9	7
3	4	6	9	2	7	5	8	1
8	2	7	5	4	1	9	6	3
1	9	5	6	3	8	2	7	4
5	6	1	7	8	9	3	4	2
7	3	2	4	1	6	8	5	9
9	8	4	2	5	3	7	1	6

159

1	3	6	5	4	2	9	7	8
7	9	2	6	8	3	4	5	1
8	5	4	1	9	7	2	3	6
9	2	1	7	6	8	3	4	5
5	4	8	3	1	9	7	6	2
3	6	7	2	5	4	8	1	9
2	1	3	9	7	6	5	8	4
6	8	9	4	3	5	1	2	7
4	7	5	8	2	1	6	9	3

160

8	6	5	7	4	2	9	1	3
2	1	9	5	8	3	4	6	7
4	7	3	1	9	6	8	2	5
6	8	1	4	2	7	3	5	9
3	4	7	9	1	5	2	8	6
9	5	2	6	3	8	7	4	1
1	3	4	2	6	9	5	7	8
5	9	6	8	7	4	1	3	2
7	2	8	3	5	1	6	9	4

161

7	9	1	6	8	4	5	2	3
2	6	5	1	9	3	7	8	4
4	8	3	5	7	2	1	6	9
9	1	4	7	5	8	6	3	2
6	5	7	2	3	9	8	4	1
3	2	8	4	1	6	9	5	7
1	7	2	8	4	5	3	9	6
5	4	9	3	6	7	2	1	8
8	3	6	9	2	1	4	7	5

162

8	5	2	4	6	3	1	7	9
4	3	1	9	7	8	2	6	5
7	9	6	1	2	5	8	4	3
1	7	3	2	8	4	5	9	6
2	4	8	6	5	9	7	3	1
9	6	5	7	3	1	4	2	8
6	2	9	8	1	7	3	5	4
3	8	7	5	4	6	9	1	2
5	1	4	3	9	2	6	8	7

1249 1238 1369 3456 1228 3469 1238 1347–2345 2789–5789 1467 1689

163

2	6	5	8	4	3	1	7	9
1	4	3	9	7	5	6	2	8
9	8	7	6	2	1	5	4	3
7	9	6	4	3	2	8	1	5
5	2	8	1	9	7	4	3	6
3	1	4	5	8	6	2	9	7
4	7	9	2	6	8	3	5	1
6	5	2	3	1	9	7	8	4
8	3	1	7	5	4	9	6	2

2789 1489 3679 4667 1345 2689 1349 2349 6688 4567 3789–3578

164

4	9	5	6	8	2	7	3	1
1	7	6	3	4	5	8	2	9
8	2	3	1	9	7	4	6	5
2	4	8	7	1	9	6	5	3
3	1	7	5	2	6	9	4	8
6	5	9	8	3	4	2	1	7
9	8	1	2	6	3	5	7	4
5	3	2	4	7	8	1	9	6
7	6	4	9	5	1	3	8	2

1479 1239 2367–1336 4569 2358–2346 1477 2467 1579 3567 1138

165

7	6	8	9	5	2	1	4	3
5	3	2	1	8	4	6	7	9
9	1	4	3	6	7	5	2	8
4	9	3	5	2	6	8	1	7
2	7	1	4	9	8	3	5	6
8	5	6	7	1	3	2	9	4
6	4	5	8	7	1	9	3	2
1	8	7	2	3	9	4	6	5
3	2	9	6	4	5	7	8	1

3567 1589 1467 2789 3345 2689 2359 1778 2399 4578 1379 2356 4579

166

2	3	1	4	7	8	6	5	9
8	6	5	1	2	9	4	3	7
7	9	4	5	6	3	1	8	2
9	5	2	3	4	7	8	1	6
1	4	3	8	9	6	7	2	5
6	7	8	2	1	5	9	4	3
5	2	9	7	8	1	3	6	4
4	1	7	6	3	2	5	9	8
3	8	6	9	5	4	2	7	1

1247 3579 1256 2345 1278–1256 3478 1569 2789 1278 1245 3678 2245

167

1	9	2	8	3	7	5	4	6
4	5	3	1	2	6	8	9	7
7	6	8	5	9	4	2	3	1
9	2	1	6	4	8	3	7	5
8	4	6	7	5	3	1	2	9
3	7	5	2	1	9	4	6	8
2	1	4	9	6	5	7	8	3
6	3	7	4	8	1	9	5	2
5	8	9	3	7	2	6	1	4

2367 4679 1259 1379 1268 2489 1237 1359 1579 3568–3789 1569

168

5	9	2	1	7	6	4	8	3
7	3	1	4	8	9	5	2	6
6	4	8	5	2	3	9	7	1
1	6	9	7	3	8	2	5	4
3	7	5	2	6	4	8	1	9
8	2	4	9	5	1	3	6	7
9	8	7	6	4	2	1	3	5
2	1	6	3	9	5	7	4	8
4	5	3	8	1	7	6	9	2

1124 4569 1348–1458 2579 1466 2579 1258 2569 4679 1289 3458 1245

169

9	7	8	4	1	2	3	5	6
2	3	4	5	6	8	1	7	9
6	5	1	7	3	9	2	8	4
7	8	5	9	4	3	6	2	1
3	4	2	6	5	1	8	9	7
1	9	6	8	2	7	4	3	5
8	6	9	2	7	4	5	1	3
4	1	7	3	8	5	9	6	2
5	2	3	1	9	6	7	4	8

1357–5679 1289 1558 1248 2569 1345 2568 1335 2379 4578 1237 4679

170

9	3	8	7	4	6	5	1	2
5	1	4	3	9	2	8	7	6
2	6	7	1	5	8	9	3	4
6	7	5	9	3	1	2	4	8
4	2	9	5	8	7	1	6	3
1	8	3	2	6	4	7	9	5
7	5	1	6	2	3	4	8	9
3	4	2	8	7	9	6	5	1
8	9	6	4	1	5	3	2	7

3478–3479 1267 2889–3789 3448 2389 4678 1236 2346 1245 2678 3489

171

4	1	3	7	9	2	8	5	6
8	5	2	1	4	6	7	9	3
9	6	7	3	8	5	4	2	1
3	8	4	2	5	7	1	6	9
1	7	9	8	6	3	5	4	2
5	2	6	4	1	9	3	8	7
2	9	1	5	3	8	6	7	4
6	3	8	9	7	4	2	1	5
7	4	5	6	2	1	9	3	8

3569 2567 5578 1269 4789 1369 2259 1345 1389 1267 1247

172

4	2	9	5	3	7	6	8	1
6	7	3	1	8	9	4	5	2
1	8	5	6	2	4	7	9	3
7	5	4	2	6	8	3	1	9
9	1	2	4	7	3	5	6	8
3	6	8	9	1	5	2	7	4
5	3	1	8	4	6	9	2	7
2	9	7	3	5	1	8	4	6
8	4	6	7	9	2	1	3	5

SOLUTIONS

173

8	7	3	1	2	5	6	4	9
9	4	1	7	8	6	2	3	5
6	5	2	3	9	4	8	7	1
5	6	4	9	7	8	3	1	2
3	8	7	2	4	1	9	5	6
2	1	9	5	6	3	7	8	4
1	2	8	4	3	9	5	6	7
4	9	6	8	5	7	1	2	3
7	3	5	6	1	2	4	9	8

174

6	9	4	2	1	7	8	3	5
2	3	5	4	9	8	6	1	7
1	8	7	5	3	6	2	4	9
8	2	3	7	6	1	9	5	4
4	1	6	9	8	5	7	2	3
5	7	9	3	4	2	1	8	6
3	6	2	8	5	9	4	7	1
7	4	1	6	2	3	5	9	8
9	5	8	1	7	4	3	6	2

175

7	6	3	1	4	5	8	2	9
4	9	8	7	2	6	5	1	3
1	5	2	9	8	3	7	6	4
6	3	7	4	9	2	1	8	5
9	2	5	3	1	8	6	4	7
8	1	4	6	5	7	9	3	2
3	4	1	8	7	9	2	5	6
5	7	6	2	3	1	4	9	8
2	8	9	5	6	4	3	7	1

176

6	4	3	1	5	8	2	7	9
1	2	8	9	3	7	6	5	4
7	5	9	4	6	2	8	3	1
3	9	1	7	8	6	5	4	2
4	7	6	5	2	1	9	8	3
2	8	5	3	9	4	1	6	7
5	1	4	6	7	9	3	2	8
9	3	2	8	4	5	7	1	6
8	6	7	2	1	3	4	9	5

177

3	4	1	9	5	6	2	8	7
2	6	5	8	1	7	9	3	4
8	9	7	4	3	2	5	1	6
6	7	2	3	8	5	4	9	1
1	3	8	2	4	9	6	7	5
9	5	4	6	7	1	8	2	3
7	8	6	1	2	4	3	5	9
4	1	3	5	9	8	7	6	2
5	2	9	7	6	3	1	4	8

178

6	9	3	1	8	5	2	7	4
7	8	5	3	4	2	9	6	1
2	1	4	6	9	7	3	8	5
9	3	8	5	2	4	7	1	6
4	5	2	7	1	6	8	3	9
1	6	7	9	3	8	5	4	2
3	2	9	8	6	1	4	5	7
8	7	1	4	5	9	6	2	3
5	4	6	2	7	3	1	9	8

179

8	3	5	4	9	2	1	7	6
2	4	7	1	5	6	9	8	3
6	9	1	7	8	3	2	5	4
7	6	2	5	4	1	3	9	8
4	5	9	2	3	8	6	1	7
1	8	3	9	6	7	4	2	5
5	1	6	8	2	4	7	3	9
9	2	4	3	7	5	8	6	1
3	7	8	6	1	9	5	4	2

180

3	6	4	9	1	8	7	2	5
8	9	7	5	2	6	4	1	3
5	1	2	4	7	3	8	9	6
2	4	3	8	5	9	6	7	1
6	8	1	7	3	2	5	4	9
9	7	5	1	6	4	3	8	2
1	2	6	3	4	7	9	5	8
4	5	9	6	8	1	2	3	7
7	3	8	2	9	5	1	6	4

181

2	5	3	8	4	6	9	1	7
4	1	6	9	2	7	5	8	3
9	7	8	1	5	3	2	4	6
8	6	5	4	3	2	1	7	9
1	9	4	7	6	8	3	2	5
7	3	2	5	9	1	8	6	4
6	8	1	3	7	5	4	9	2
3	2	9	6	8	4	7	5	1
5	4	7	2	1	9	6	3	8

182

7	3	9	2	6	8	4	1	5
5	4	8	7	9	1	2	3	6
1	2	6	3	5	4	8	9	7
8	5	4	9	1	2	7	6	3
9	7	3	5	8	6	1	2	4
2	6	1	4	3	7	5	8	9
4	1	7	6	2	3	9	5	8
6	8	5	1	7	9	3	4	2
3	9	2	8	4	5	6	7	1

183

5	9	1	4	2	8	7	6	3
8	6	3	7	9	5	2	1	4
4	2	7	3	6	1	5	9	8
6	3	4	2	5	7	1	8	9
2	5	8	6	1	9	3	4	7
7	1	9	8	4	3	6	2	5
1	4	5	9	3	6	8	7	2
3	8	2	1	7	4	9	5	6
9	7	6	5	8	2	4	3	1

184

4	3	7	5	8	2	1	6	9
5	1	2	9	6	3	7	4	8
9	6	8	7	1	4	2	3	5
6	5	1	2	3	9	4	8	7
3	8	4	6	5	7	9	1	2
2	7	9	1	4	8	3	5	6
8	2	6	3	7	1	5	9	4
7	4	3	8	9	5	6	2	1
1	9	5	4	2	6	8	7	3

答案

185

4	5	2	7	9	8	1	3	6
7	3	9	1	5	6	2	8	4
8	6	1	3	2	4	7	5	9
1	9	4	8	3	2	5	6	7
2	7	3	5	6	1	9	4	8
5	8	6	9	4	7	3	1	2
9	2	5	4	8	3	6	7	1
6	4	7	2	1	5	8	9	3
3	1	8	6	7	9	4	2	5

186

7	9	2	3	1	6	4	5	8
5	6	8	2	9	4	7	1	3
1	3	4	8	5	7	9	2	6
9	2	6	5	7	3	1	8	4
3	5	7	4	8	1	2	6	9
4	8	1	6	2	9	5	3	7
8	4	5	9	6	2	3	7	1
2	7	9	1	3	8	6	4	5
6	1	3	7	4	5	8	9	2

187

9	1	2	3	7	6	5	4	8
8	4	5	9	2	1	6	3	7
6	7	3	4	5	8	1	2	9
5	2	4	7	8	9	3	1	6
1	6	8	2	4	3	7	9	5
3	9	7	6	1	5	2	8	4
7	8	1	5	3	4	9	6	2
2	3	6	8	9	7	4	5	1
4	5	9	1	6	2	8	7	3

188

8	5	7	4	6	2	9	3	1
3	6	1	5	9	8	4	7	2
9	2	4	7	3	1	6	8	5
6	3	2	9	8	5	7	1	4
1	8	9	6	7	4	2	5	3
7	4	5	2	1	3	8	6	9
2	9	8	3	5	7	1	4	6
5	7	6	1	4	9	3	2	8
4	1	3	8	2	6	5	9	7

189

8	1	9	2	3	5	4	7	6
7	5	2	8	4	6	3	9	1
4	3	6	1	9	7	8	2	5
1	7	3	9	5	8	2	6	4
6	2	8	3	7	4	1	5	9
9	4	5	6	1	2	7	3	8
2	8	4	5	6	3	9	1	7
3	6	1	7	8	9	5	4	2
5	9	7	4	2	1	6	8	3

190

2	8	7	3	6	4	9	5	1
5	4	1	8	7	9	2	3	6
9	6	3	1	5	2	4	7	8
7	5	2	9	3	8	6	1	4
6	3	8	5	4	1	7	9	2
4	1	9	7	2	6	5	8	3
3	7	6	4	1	5	8	2	9
8	2	5	6	9	3	1	4	7
1	9	4	2	8	7	3	6	5

191

2	7	9	8	6	4	5	1	3
1	8	4	9	5	3	7	6	2
3	6	5	1	2	7	8	9	4
7	2	6	4	1	5	3	8	9
9	5	8	3	7	2	1	4	6
4	1	3	6	8	9	2	7	5
8	3	7	5	9	6	4	2	1
5	9	1	2	4	8	6	3	7
6	4	2	7	3	1	9	5	8

192

6	1	3	2	7	9	4	5	8
9	4	2	1	5	8	7	3	6
5	7	8	6	3	4	9	1	2
3	9	7	4	8	6	5	2	1
4	8	5	7	2	1	6	9	3
1	2	6	5	9	3	8	7	4
2	6	9	3	4	7	1	8	5
7	3	1	8	6	5	2	4	9
8	5	4	9	1	2	3	6	7

答案

193

7	2	5	4	9	6	1	8	3
1	6	3	8	5	2	7	4	9
4	9	8	7	1	3	2	5	6
5	7	2	1	4	9	6	3	8
9	1	6	3	8	5	4	7	2
8	3	4	6	2	7	9	1	5
3	5	9	2	7	4	8	6	1
6	4	1	9	3	8	5	2	7
2	8	7	5	6	1	3	9	4

194

4	5	7	2	3	9	8	6	1
8	3	6	7	4	1	5	2	9
9	1	2	5	8	6	3	4	7
7	8	3	1	5	4	6	9	2
2	6	4	9	7	8	1	3	5
5	9	1	6	2	3	7	8	4
6	7	5	3	9	2	4	1	8
1	4	9	8	6	7	2	5	3
3	2	8	4	1	5	9	7	6

195

4	5	3	1	9	7	8	2	6
6	2	7	4	3	8	9	5	1
1	8	9	6	5	2	4	3	7
9	7	8	3	2	6	1	4	5
5	3	6	8	1	4	7	9	2
2	1	4	5	7	9	6	8	3
8	6	5	2	4	1	3	7	9
7	4	2	9	6	3	5	1	8
3	9	1	7	8	5	2	6	4

196

1	2	3	4	6	7	5	8	9
7	9	5	3	2	8	6	1	4
6	8	4	1	9	5	2	3	7
4	5	1	7	8	3	9	6	2
8	6	7	2	4	9	1	5	3
2	3	9	5	1	6	7	4	8
9	1	6	8	7	4	3	2	5
3	7	8	6	5	2	4	9	1
5	4	2	9	3	1	8	7	6

197

7	3	6	5	2	8	1	9	4
8	5	9	3	4	1	7	2	6
4	1	2	7	9	6	8	5	3
1	4	3	8	7	2	5	6	9
2	6	7	9	1	5	3	4	8
9	8	5	6	3	4	2	1	7
3	7	4	1	5	9	6	8	2
5	2	8	4	6	7	9	3	1
6	9	1	2	8	3	4	7	5

198

3	6	9	1	5	7	4	8	2
4	1	8	2	6	3	9	7	5
7	2	5	9	8	4	3	1	6
8	3	7	4	1	5	2	6	9
1	4	2	8	9	6	7	5	3
9	5	6	7	3	2	1	4	8
2	8	1	6	4	9	5	3	7
6	9	3	5	7	1	8	2	4
5	7	4	3	2	8	6	9	1

199

3	8	7	1	9	6	5	2	4
4	1	6	5	8	2	3	7	9
9	5	2	7	3	4	6	1	8
8	2	4	6	5	1	7	9	3
1	6	3	9	4	7	2	8	5
5	7	9	3	2	8	1	4	6
6	4	8	2	1	5	9	3	7
7	9	1	8	6	3	4	5	2
2	3	5	4	7	9	8	6	1

200

9	5	7	6	4	8	3	2	1
1	8	6	3	2	5	9	7	4
4	3	2	7	1	9	6	8	5
7	2	8	9	5	3	4	1	6
3	1	9	4	8	6	7	5	2
6	4	5	1	7	2	8	3	9
2	6	1	8	9	7	5	4	3
5	7	3	2	6	4	1	9	8
8	9	4	5	3	1	2	6	7

201

1	9	4	7	5	8	3	2	6
8	3	7	6	4	2	9	5	1
2	5	6	3	1	9	4	7	8
4	7	2	8	9	3	6	1	5
9	1	8	5	2	6	7	3	4
5	6	3	1	7	4	2	8	9
6	2	5	4	3	1	8	9	7
7	4	9	2	8	5	1	6	3
3	8	1	9	6	7	5	4	2